高等院校计算机应用技术系列教材

# C语言程序设计实践教程

周 虹　安洪欣　于 峰　等编著
富春岩　主审

机 械 工 业 出 版 社

本书以实践性、实用性为编写原则，每一章分为体系结构、复习纲要、实验和习题4个部分。本书内容包括理论教材中各章节的知识点、上机实验和习题等，以指导学生学习、理解和掌握理论教材的内容，并培养学生的动手能力和应用能力。

本书既可以用做《C语言程序设计实用教程》（ISBN 978-7-111-31398-4）的实践教材，也可作为各类高等学校非计算机专业计算机基础课程的配套教材或自学参考书。

需要本书多媒体电子课件、习题答案的读者，可在机械工业出版社教材网（www.cmpedu.com）下载。

**图书在版编目(CIP)数据**

C语言程序设计实践教程/周虹等编著.—北京：机械工业出版社，2010.7
(高等院校计算机应用技术系列教材)
ISBN 978-7-111-31200-0

Ⅰ.①C… Ⅱ.①周… Ⅲ.①C语言-程序设计-高等学校-教材
Ⅳ.①TP312

中国版本图书馆CIP数据核字(2010)第128262号

机械工业出版社（北京市百万庄大街22号 邮政编码100037）
责任编辑：赵 轩
责任印制：杨 曦
北京市朝阳展望印刷厂印刷
2010年8月第1版·第1次印刷
184mm×260mm·15.75印张·388千字
0001-3000册
标准书号：ISBN 978-7-111-31200-0
定价：26.00元

凡购本书，如有缺页、倒页、脱页，由本社发行部调换

电话服务
社服务中心:(010)88361066
销 售 一 部:(010)68326294
销 售 二 部:(010)88379649
读者服务部:(010)68993821

网络服务
门户网:http://www.cmpbook.com
教材网:http://www.cmpedu.com
**封面无防伪标均为盗版**

# 序

进入信息时代，计算机已成为全社会不可或缺的现代工具，每一个有文化的人都必须学习计算机，使用计算机。计算机课程是所有大学生必修的课程。

在我国3000多万大学生中，非计算机专业的学生占95%以上。对这部分学生进行计算机教育将对影响今后我国在各个领域中的计算机应用的水平，影响我国的信息化进程，意义是极为深远的。

在高校非计算机专业中开展的计算机教育称为高校计算机基础教育。计算机基础教育和计算机专业教育的性质和特点是不同的，无论在教学理念、教学目的、教学要求、还是教学内容和教学方法等方面都不相同。在非计算机专业进行的计算机教育，目的不是把学生培养成计算机专家，而是希望把学生培养成在各个领域中应用计算机的人才，使他们能把信息技术和各专业领域相结合，推动各个领域的信息化。

显然，计算机基础教育应该强调面向应用。面向应用不仅是一个目标，而应该体现在各个教学环节中，例如：

教学目标：培养大批计算机应用人才，而不是计算机专业人才；

学习内容：学习计算机应用技术，而不是计算机一般理论知识；

学习要求：强调应用能力，而不是抽象的理论知识；

教材建设：要编写出一批面向应用需要的新教材，而不是脱离实际需要的教材；

课程体系：要构建符合应用需要的课程体系，而不是按学科体系构建课程体系；

内容取舍：根据应用需要合理精选内容，而不能漫无目的地贪多求全；

教学方法：面向实际，突出实践环节，而不是纯理论教学；

课程名称：应体现应用特点，而不是沿袭传统理论课程的名称；

评价体系：应建立符合培养应用能力要求的评价体系，而不能用评价理论教学的标准来评价面向应用的课程。

要做到以上几个方面，要付出很大的努力。要立足改革，埋头苦干。首先要在教学理念上敢于突破理论至上的传统观念，敢于创新。同时还要下大功夫在实践中摸索和总结经验，不断创新和完善。近年来，全国许多高校、许多出版社和广大教师在这领域上作了巨大的努力，创造出许多新的经验，出版了许多优秀的教材，取得了可喜的成绩，打下了继续前进的基础。

教材建设应当百花齐放，推陈出新。机械工业出版社决定出版一套计算机应用技术系列教材，本套教材的作者们在多年教学实践的基础上，写出了一些新教材，力图为推动面向应用的计算机基础教育作出贡献。这是值得欢迎和支持的。相信经过不懈的努力，在实践中逐步完善和提高，对教学能有较好的推动作用。

计算机基础教育的指导思想是：面向应用需要，采用多种模式，启发自主学习，提倡创新意识，树立团队精神，培养信息素养。希望广大教师和同学共同努力，再接再厉，不断创造新的经验，为开创计算机基础教育新局面，为我国信息化的未来而不懈奋斗！

全国高校计算机基础教育研究会荣誉会长　谭浩强

# 前　言

本书是以教育部高等学校非计算机专业计算机基础课程教学指导分委员会提出的《高等院校计算机基础教学发展战略研究报告暨计算机基础课程教学基本要求》为指导纲领，融学习指导、实验和测试练习为一体的实践教材。

本书每章内容可分为知识体系、复习纲要、实验、习题4个部分。“知识体系”是对理论教材相应章节知识点进行概括：“复习纲要”是对理论教材各相应章节的知识点、技术和方法的提炼、概括和总结；“实验”与理论教学同步，通过实验可巩固所学理论知识，提高学生将所学知识应用到实践中的能力；“习题”的题目有选择题、填空题、分析程序题、问答题、改错题等类型，参考了国家计算机等级考试命题的特点，具有一定的代表性，是学生进行总结复习的实用资料。

本书不仅可以用做《C语言程序设计实用教程》的实践教材，也可以作为相关课程的教材单独使用。

本书分为13章，其中第1章和第8章由王皓杰编写，第2章由李川汇编写，第3章由安洪欣编写，第4章由胡振江编写，第5章由周虹编写，第6章由崔虹云编写，第7章由陈新编写，第9章由于峰编写，第10章由刘景顺编写，第11章由李晶编写，第12章由张磊编写，第13章由于峰编写。全书由周虹统稿，由富春岩主审。

本书在编写过程中得到了机械工业出版社和编者所在学校的大力支持和帮助，哈尔滨学院的贾宗福教授审阅了此书，并提出了许多宝贵意见，在此对他们表示衷心的感谢。在编写过程中我们参考了大量文献资料，在此对这些资料的作者一并表示感谢。由于时间仓促和编者水平所限，书中难免有错误和欠妥之处，敬请专家、读者不吝指正。

需要本书多媒体电子课件、习题答案的读者，可在机械工业出版社教材网（www. cmpedu. com）下载。

编　者

# 目　录

# 第1章　程序设计基础

本章主要介绍C语言程序的构成及书写格式和书写风格。通过本章的学习，应了解程序设计的一些初步知识；掌握C语言程序的构成及书写风格，对C语言程序有一个初步了解。

本章知识体系结构：

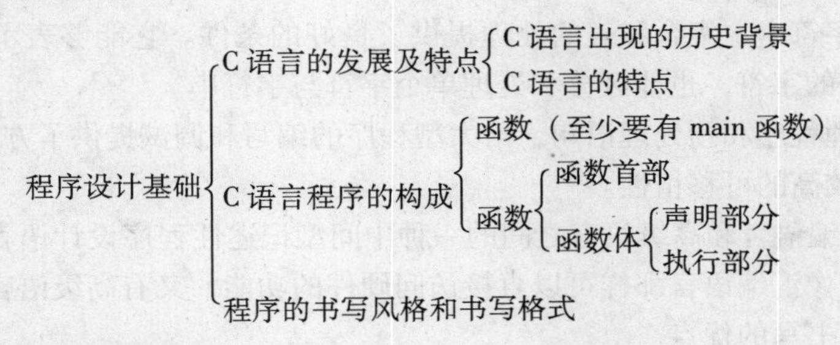


重点：C语言程序的构成。

## 1.1　C语言的发展及特点

### 1.1.1　C语言出现的历史背景

C语言在20世纪70年代初诞生于美国的贝尔实验室。高级语言的可读性和可移植性，虽然比汇编语言好，但一般高级语言又不具备低级语言能够直观地对硬件进行控制和操作的功能，及程序执行速度相对较快的优点。在这种情况下，人们迫切需要一种既具有一般高级语言特性，又具有低级语言特性的语言。于是，C语言应运而生。

由于C语言兼具高级语言和低级语言的特点，因此迅速普及，成为当今最有发展前途的计算机高级语言之一。C语言既可以用来编写系统软件，也可以用来编写应用软件。现在，C语言广泛地应用在机械、建筑和电子等行业，用来编写各类应用软件。

常见的C语言版本有：

1）Borland公司的Turbo C、Turbo C++、Borland C++及C++Builder（Windows版本）。

2）Microsoft公司的Microsoft C及Visual C++（Windows版本）。

### 1.1.2　C语言的特点

C语言以其简洁、灵活、表达能力强、产生的目标代码质量高、可读性强和可移植性好为基本特点而著称于世。特点如下：

1）程序紧凑、简洁、规整。

2）表达式简练、灵活、实用。C语言有多种运算符、多种描述问题的途径和多种表达式求值的方法，这使程序设计者有较大的主动性，并能提高程序的可读性、编译效率及目标代码的质量。

3）具有与汇编语言很相近的功能和描述问题的方法。

4）具有丰富的数据类型。C 语言具有 5 种基本的数据类型：char（字符型）、int（整型）、float（浮点单精度型）、double（浮点双精度型）、void（无值型）和多种构造数据类型（数组、指针、结构体、共用体和枚举）。例如，指针类型使用十分灵活，用它可以构成链表、树和栈等。指针可以指向各种类型的简单变量、数组、结构体、共用体及函数等。

5）具有丰富的运算符。C 语言有多达 40 余种运算符。丰富的数据类型与众多的运算符相结合，使 C 语言具有表达灵活和效率高的优点。

6）是一种结构化程序设计语言，特别适合大型程序的模块化设计。

7）为字符、字符串、集合和表的处理提供了良好的条件。它能够表示和识别各种可显示的及起控制作用的字符，也能区分和处理单个字符与字符串。

8）具有预处理程序和预处理语句，给大型程序的编写和调试提供了方便。

9）程序具有较高的可移植性。

10）是处于汇编语言和高级语言之间的一种中间型记述性程序设计语言。C 语言既具有面向硬件和系统，像汇编语言那样可以直接访问硬件的功能，又有高级语言面向用户、容易记忆、便于阅读和书写的优点。

## 1.2 C 语言程序的构成

本节主要介绍 C 语言程序和函数的构成。

1）C 语言程序是由函数构成的。一个 C 语言源程序至少包含一个 main( ) 函数，也可以包含一个 main( ) 函数和若干个其他函数。在 C 语言中，函数是程序的基本单位。被调用的函数可以是系统提供的库函数（如 scanf( ) 和 printf( ) 函数），也可以是用户自定义的函数。

2）一个函数由两部分组成：一部分是函数首部，另一部分是函数体。

函数首部，即函数的第一行。包括函数类型、函数名、函数的形参、形参类型及函数属性等。

函数体，即函数首部下面大括号内的部分。如果一个函数内有多个大括号，则最外层的一对大括号为函数体。

函数体一般包括以下两个部分。

- 声明部分：在这部分定义变量、对调用函数进行声明等。
- 执行部分：由若干语句组成。

函数的一般格式是：

```
数据类型  函数名(函数参数表)
{  声明部分
   执行部分
}
```

3）一个 C 语言程序总是从 main( ) 函数开始执行，而不论 main( ) 函数在程序中处于什么位置。

4）C 语言程序的书写格式自由，一行内可以写多个语句，一个语句也可以写在多行上。C 语言程序没有行号。

5）每一个语句和数据定义的最后都必须有一个分号，分号是语句的必要组成部分，允许有空语句。空语句只有分号，没有其他内容。

6）C 语言本身没有输入/输出语句，输入/输出由库函数来完成。

7）可以用/ *... */对 C 语言程序注释。“/”和“ * ”之间不允许有空格，注释部分可以出现在程序的任何位置上，注释可以为若干行。

8）一个 C 语言程序可以由一个文件组成，也可以由若干个文件组成。一个文件可以包含一个函数，也可以包含多个函数。

## 1.3 程序的书写风格和书写格式

本节介绍程序的书写风格，以提高程序设计的质量和效率。

程序的书写风格直接影响到程序的可读性，对程序设计具有关键作用。好的设计风格不但可以提高程序设计的质量，而且可以提高程序设计的效率。

1）程序所采用的算法要尽量简单，符合一般人的思维习惯。

2）标识符的使用尽量采取“见名知义，常用从简”的原则。

3）为了清晰地表现出程序的结构，最好采用锯齿形的程序格式。

4）可以用/ *... */注释，以增加程序的可读性。

5）最好在输入语句之前加一个输出语句，对输入数据加以提示。

6）函数首部的后面和编译预处理的后面不能加分号。

7）C 语言程序的书写格式虽然自由，但为了清晰，一般在一行内写一个语句。

## 1.4 实验

### 1.4.1 Turbo C 的基本操作

#### 1. Turbo C 的启动

进入 Turbo C 环境，需要运行可执行程序 tc.exe。可以分别从 DOS、Windows 操作系统下进入，操作途径和步骤如下。

1）在 DOS 操作系统下。

```
C:\>CD\TC<CR>
C:\>TC>TC<CR>
```

这样，就进入了 Turbo C 集成环境，屏幕上显示出如图 1-6 所示的 Turbo C 界面。

2）在 Windows 操作系统下。

可以采用以下几种方法：

- 双击桌面上的快捷方式图标，即可进入 Turbo C 系统。
- 在任务栏中，选择“开始”→“运行”命令，在弹出的对话框的“打开”文本框中输入 cmd，按〈Enter〉键进入 DOS 界面。在该窗口使用（1）中的命令，进入 Turbo C 环境。

- 打开资源管理器，找到文件夹 TC 下的 tc. exe 文件，双击该文件名，即可进入 Turbo C 环境。

2. Turbo C 主界面介绍

Turbo C 2. 0 集成开发环境的操作界面如图 1-1 所示。

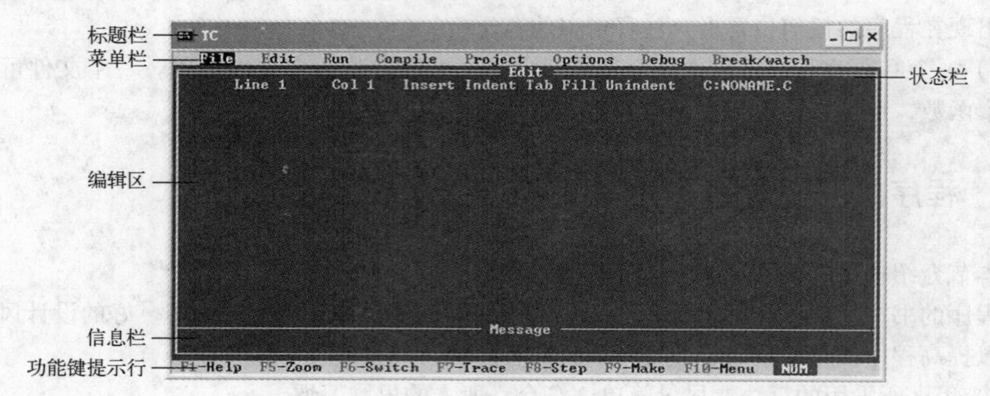


图 1-1　Turbo C 2. 0 集成开发环境的操作界面

其中，顶上一行为 Turbo C 主菜单，中间窗口为编辑区，下面是当前状态信息栏，最底下一行为功能键提示行。这 4 个部分构成了 Turbo C 的主界面。编程、编译、调试及运行都在这个界面中进行。下面分别介绍各部分的内容。

（1）主菜单

主菜单如图 1-2 所示。

图 1-2　主菜单

这些菜单的功能如下。

- File：对文件和目录进行相关操作。
- Edit：进入编辑状态，此时可以编辑当前编辑区中显示的程序。
- Run：控制程序的运行方式。
- Compile：对程序进行编译和连接。
- Project：对项目（由多个 C 语言文件组成的程序）进行管理。
- Options：设置选项。
- Debug：调试程序。显示变量的值，查找函数，查看调用堆栈的变化。
- Break/watch：中断和监视程序。设置和清除断点，监测变量值的变化。

除“Edit”菜单外，其他各项均有子菜单。需要选择菜单时，按〈F10〉键同时配合方向键，或按住〈Alt〉键加该项第一个字母（即大写字母），即可进入该项的子菜单。

（2）编辑区

编辑区占据了屏幕大部分的面积，它用来输入源程序。在编辑区上方，有 Edit 作为标志。进入 Edit 菜单，若再按〈Enter〉键，则光标出现在编辑区域，此时可以进行文本编辑。

编辑源程序时的状态栏也在其中，如图 1-3 所示。

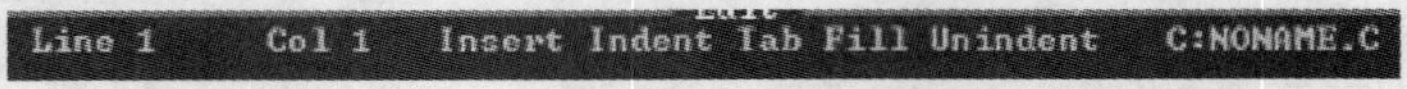

Line 1    Col 1    Insert Indent Tab Fill Unindent    C:NONAME.C

图 1-3　状态栏

状态栏中各项的含义是：

- Line/Col：当前光标所在位置的行/列。
- Insert：当前编辑状态处于插入状态。此项为开关按钮，再按一次〈Insert〉键，编辑状态将切换为 Delete（改写）状态。
- Indent：齿形自动缩进。用于提高程序的清晰度，否则为 Unindent 状态，用〈Ctrl + O + I〉组合键切换。
- Tab：可插入制表符。用〈Ctrl + O + T〉组合键切换。
- Fill：可用任意一组空格或制表符填充。如果 Fill 打开，则表示用空格填充；用〈Ctrl + O + F〉组合键切换后，可用制表符填充。
- "C：NONAME. C"：表示当前正在编辑的 C 语言程序文件名，不含路径。Turbo C 对新文件自动命名为 NONAME. C。

(3) 信息栏

信息栏是在显示编译和连接时，出现的警告和错误信息。在信息栏上方，有 Message 作为标志，样式如图 1-4 所示。

Message

图 1-4　信息栏

(4) 功能键提示行

功能键提示行如图 1-5 所示。

图 1-5　功能键提示行

功能键提示行的各项含义是：

- F1-Help：帮助信息。
- F5-Zoom：分区控制。将当前的编辑区或信息区扩大至整个屏幕。〈F5〉键是一个交替切换键，再按一下就会使编辑区或信息区恢复到原来的大小。而放大哪一个区域，由〈F6〉键决定。
- F6-Switch：转换。交替激活信息栏或编辑区。
- F7-Trace：跟踪。用于跟踪程序的运行情况。
- F8-Step：单步执行。按一次〈F8〉键，执行一条语句。
- F9-Make：生成目标文件。进行编译、连接，生成 . obj 文件和 . exe 文件，但不运行。
- F10-Menu：菜单。返回主菜单。

### 3. Turbo C 子菜单

(1) File 菜单

File（文件）菜单如图 1-6 所示，该子菜单包括的内容和含义如下。

- Lood：按照指定的文件名装入一个文件。

- Pick：列出最后装入的 8 个文件名，请用户从中选取要装入的文件。
- New：将编辑区的内容清空，开始编辑一个新文件。
- Write to：将正在编辑的文件存入一个新文件中。
- Save：保存。
- Directory：显示当前工作目录的文件列表。
- Change dir：改变当前工作目录。
- OS shell：暂时退出 Turbo C 环境，进入 DOS。在 DOS 环境下，可用 exit 命令退出。
- Quit：退出 Turbo C。

（2）Run 菜单

Run（运行）菜单如图 1-7 所示，该子菜单包括的内容和含义如下。

- Run：运行当前程序。
- Program reset：程序重启。终止当前调试过程，释放程序空间，关闭文件。
- Go to cursor：使程序运行到编辑区中光标所在的行。
- Trace into：跟踪进入。执行一行程序，遇到函数可进入函数内部跟踪。
- Step over：单步执行。执行一行程序，但不能进入函数内部跟踪。
- User screen：显示用户屏幕，观看用户输出结果。

（3）Compile 菜单

Compile（程序的编译和连接）菜单如图 1-8 所示。该子菜单包括的内容和含义如下。

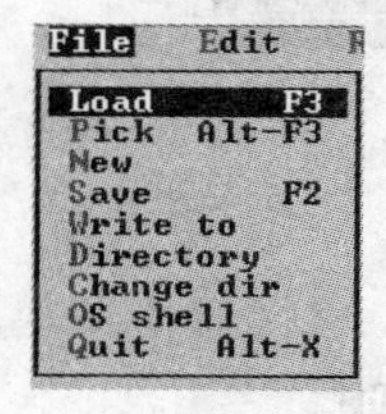


图 1-6　File 菜单

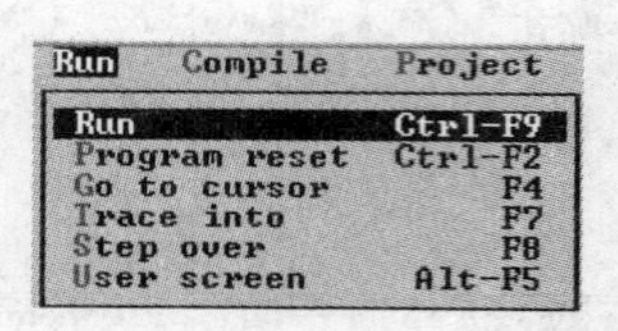


图 1-7　Run 菜单

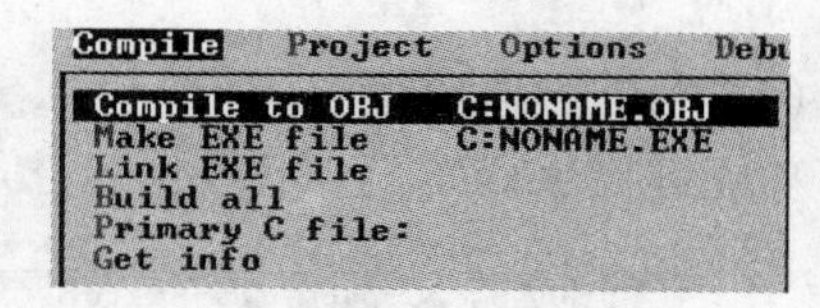


图 1-8　Complie 菜单

- Compile to OBJ：对源程序进行编译，生成 . obj 目标文件。
- Make EXE file：对源程序进行编译和连接，生成 . exe 可执行文件。
- Link EXE file：将当前的 . obj 文件和库进行连接，生成 . exe 可执行文件。
- Build all：重新编译、连接 Project 中的全部程序，生成 . exe 文件。
- Primary C file：指定文件作为编译对象，以替代编辑区中的文件。
- Get info：在弹出的区域中显示有关当前文件的信息。

（4）Project 菜单

Project（对工程进行管理）菜单如图 1-9 所示。该子菜单包括的内容和含义如下。

- Project name：指定工程文件名。工程文件的扩展名为 . prj。
- Break make on：指定终止编译的条件前，重新进行编译、连接。
- Auto dependencies：自动依赖。若程序已修改，则在运行。
- Clear project：清除当前的工程文件名。
- Remove messages：删除信息。将错误信息从信息栏清除。

（5）Options 菜单

Options（设置选项）菜单如图 1-10 所示。该子菜单包括的内容和含义如下。

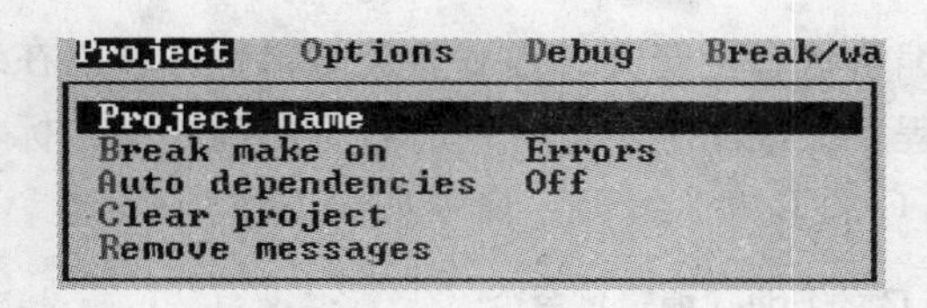


图 1-9　Project 菜单

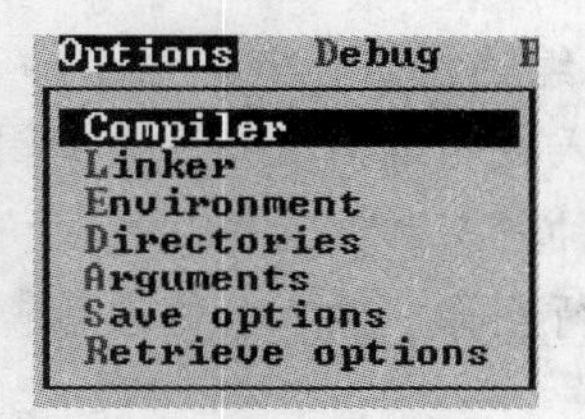


图 1-10　Options 菜单

- Compiler：指定编译选项。
- Linker：指定连接选项。
- Environment：指定工作环境。
- Directories：指定目录。
- Arguments：指定参数。
- Save options：向环境文件中保存当前的工作环境。
- Retrieve options：从环境文件中恢复当前的工作环境。

(6) Debug 菜单

Debug（调试程序）菜单如图 1-11 所示。该子菜单包括的内容和含义如下。

- Evaluate：计算变量或表达式的值，显示结果。
- Call stack：当调试程序调用多级函数时，显示调用栈。
- Find function：查找函数。在编辑区显示被查找函数的源程序。
- Refresh display：刷新屏幕，恢复当前屏幕内容。
- Display swapping：指定在调试程序时，若程序产生输出，是否切换到用户屏幕。
- Source debugging：指定进行源程序级调试时的选项。

(7) Break/watch 菜单

Break/watch（中断和监视程序）菜单如图 1-12 所示，该子菜单包括的内容和含义如下。

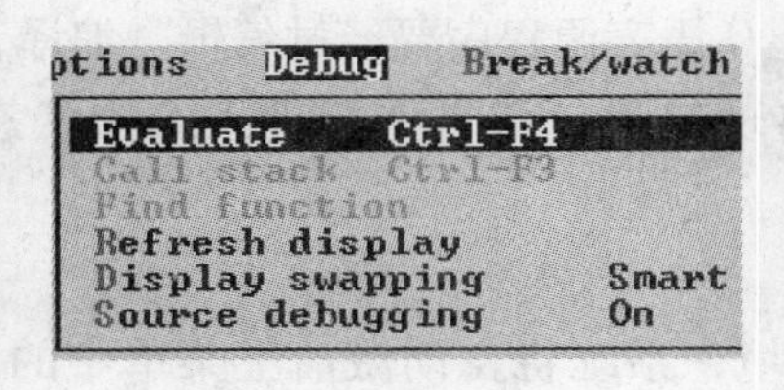


图 1-11　Debug 菜单

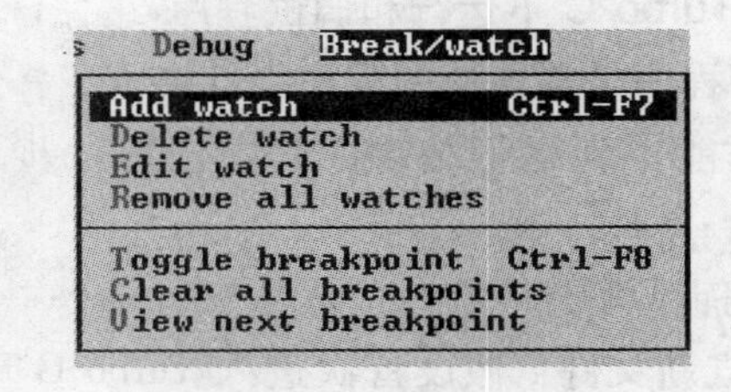


图 1-12　Break/watch 菜单

- Add watch：增加监视表达式。
- Delete watch：删除指定的监视表达式。
- Edit watch：编辑监视表达式。
- Remove all watches：删除全部监视表达式。
- Toggle breakpoint：设置/取消程序调试的中断点。
- Clear all breakpoints：清除全部中断点。
- View next breakpoint：将光标定位在下一个中断点。

## 4. 编辑状态

进入程序编辑状态后，编辑区顶部的编辑状态行变亮，提示有关编辑程序和正在编辑文件的各种状态。在编辑状态，可以输入源程序，或用上、下、左、右方向键移动光标，在光标处进行删除、插入和修改等操作。Turbo C 的 Edit（编辑）命令如表 1–1 所示。

表 1–1 Turbo C 的 Edit（编辑）命令

| 分类 | 命令 | 作用 | 命令 | 作用 |
|---|---|---|---|---|
| 光标移动 | ← | 左移一格 | Ctrl + A | 左移一个词 |
| | → | 右移一格 | Ctrl + F | 右移一个词 |
| | ↑ | 上移一行 | Ctrl + O + R | 移到文件开始 |
| | ↓ | 下移一行 | Ctrl + O + C | 移到文件结尾 |
| | Home | 移到行首 | Ctrl + Q + P | 移到上次光标位置处 |
| | End | 移到行尾 | Ctrl + Q + B | 移到块开始处 |
| | PageUp | 上移一页 | Ctrl + Q + K | 移到块结尾处 |
| | PageDn | 下移一页 | | |
| 插入操作 | Insert | 切换插入/改写 | Ctrl + Y | 删除光标所在的一行 |
| | Del | 删除光标后的一个字符 | Ctrl + T | 删除光标左边的一个词 |
| | BackSpace | 删除光标前的一个字符 | Ctrl + Q + Y | 从光标处删除到行尾 |
| | Ctrl + N | 插入一行 | | |
| 块操作 | Ctrl + K + B | 定义块首 | Ctrl + K + R | 从磁盘读入块 |
| | Ctrl + K + K | 定义块尾 | Ctrl + K + W | 把块写入磁盘 |
| | Ctrl + K + Y | 删除块 | Ctrl + K + H | 取消块标记 |
| | Ctrl + K + C | 复制块 | | |
| | Ctrl + K + V | 移动块 | | |

## 5. 在 Turbo C 下运行和调试程序

C 语言程序是编译性的程序设计语言，一个 C 语言源程序要经过编辑、编译、连接和运行 4 步，才能得到运行结果。其中任何一步出现错误，都要重新进入编辑状态，修改源程序。

（1）编辑源程序

1）建立新文件：假设首次进入 Turbo C 环境，系统将自动激活主菜单中的“File”菜单，选择“New”选项，建立一个新的 C 语言程序源文件，按〈Enter〉键。

2）输入源程序：当光标定位在编辑区的左上角（第 1 行，第 1 列）时，就可以开始输入和编辑源程序了。

3）保存源程序：仍然在 File 菜单中，选择 Save 选项，或按〈F2〉键，将文件存于当前路径中并创建文件名。

（2）编译和连接源文件

1）编译：源程序建立后，选择“Compile”→“Compile to OBJ”命令，或按〈F9〉键，对源程序进行编译。通过编译，生成二进制代码目标文件（. obj 文件）。编译结束后，如有语法上的错误，将列出且显示在信息栏内。可根据提示重复编辑、修改和编译源程序，直至通过为止。之后，系统将创建扩展名为 . obj 的目标文件。

2）连接：其目的是生成可执行文件（. exe）。执行文件生成之后，也可脱离 Turbo C 环境，直接在操作系统中运行。

还可以用〈Alt + C〉组合键或按〈F10〉键后选择“Compile”→“Make EXE file”命令，再按〈Enter〉键后即可一次完成编译和连接操作。

还可以使用〈Ctrl + F9〉组合键一次完成编译、连接和运行 3 个操作。

(3）运行程序

编译和连接通过以后，就可以运行程序了。选择“Run”→“Run”命令并按〈Enter〉键（或按〈Ctrl + F9〉组合键），即可运行程序。

Turbo C 虽是集成化的工具环境，但这 4 步也没有被取消，只是减少了所有的中间转换环节。如果源程序正确无误，先按〈Ctrl + F9〉组合键，再按〈Alt + F5〉组合键，可直接看到运行结果。

常用的快捷键如下：

- F10：激活主菜单。
- F3：按照指定的文件名装入一个文件。
- F2：存盘。
- F9：编译。
- Ctrl + F9：运行程序。
- Alt + F5：查看结果。
- Alt + X：退出 TC 系统。

## 1.4.2 Visual C ++ 6.0 上机环境简介

### 1. 启动 Visual C ++ 6.0

当在计算机中安装了 Visual C ++ 6.0 后，可以在 Windows 的“开始”菜单中，选择“程序”→“Microsoft Visual Studio 6.0”命令，Microsoft Visual C ++ 6.0 即可启动。启动后，会自动弹出“Tip of the Day”对话框，显示出联机知识中的一条内容，每次启动都会给出一条帮助信息，如图 1-13 所示。单击该对话框中的“Next Tip”按钮可以获得更多的提

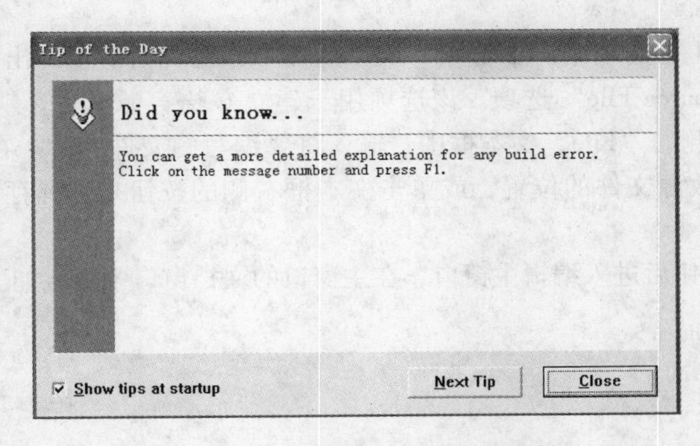


图 1-13 “Tip of the Day”对话框

示信息，或者单击“Close”按钮关闭对话框。如果不希望每次启动后都弹出这个对话框，可以在关闭之前，取消选择“Show tips at startup”复选框。关闭此对话框后，进入 Visual C ++ 6.0 的开发环境。启动系统后，即可进入 Visual C ++ 6.0 的主窗口，如图 1-14 所示。

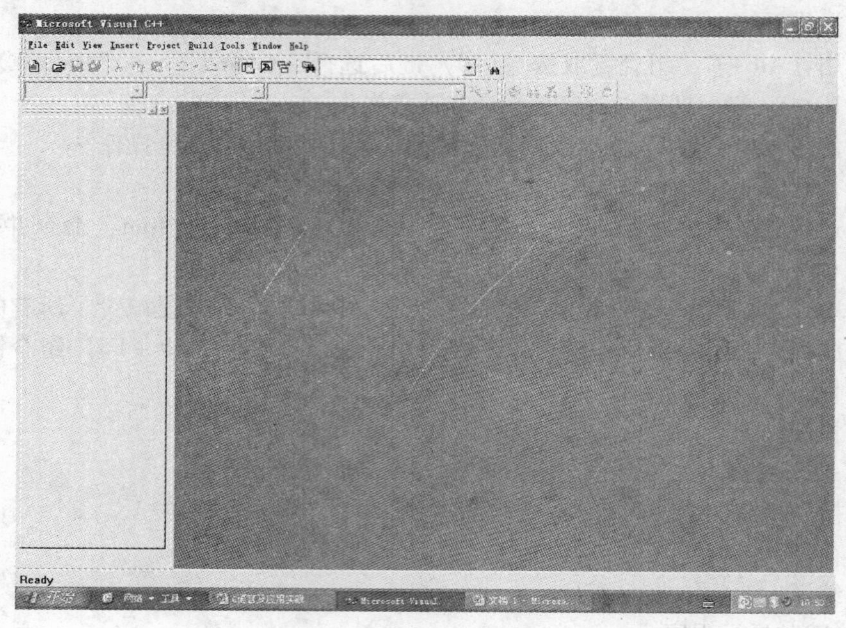


图 1-14　Visual C ++ 6.0 主窗口

下面简单介绍 C 语言程序在该编译系统下如何编辑、编译、连接和运行程序。关于更多的功能，请参阅 Visual C ++ 6.0 的操作说明书。如果没有使用该版本的编译系统，这部分内容可以不阅读。但需要阅读所选用 C ++ 语言编译程序使用说明书中的基本操作部分，学会对 C 语言源程序编辑、编译和运行的方法。

下面介绍如何使用 Visual C ++ 6.0 编写 C 语言源程序，编译和运行程序以获得正确的结果。

（1）编写 C 语言源程序

启动 Visual C ++ 6.0 后，选择“File”→“New”命令，弹出“New”对话框，如图 1-15 所示。

对话框上面有 4 个选项卡。单击“Files”选项卡，在对话框中列出可以新建文件的类型，选择“C ++ Source File”选项。该选项用于建立 C 语言源文件，默认扩展名为 .cpp，也可以用 .c。在右侧的“File”文本框中，输入将要编写的文件名称。在“Location”文本框中，输入准备存放源文件的位置，或单击文本框右侧的按钮来选择存放文件的目录，如图 1-16 所示。

单击“OK”按钮后进入编辑主窗口，在主窗口的文档窗口中输入如下程序：

```
#include < stdio.h >
int add(int x,int y)
{   return x + y;
}
```

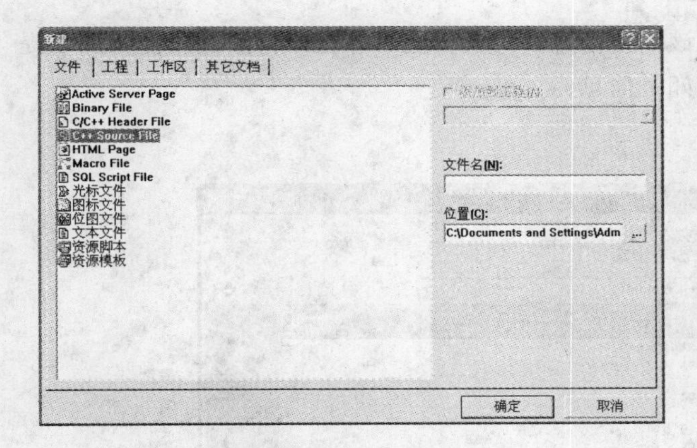


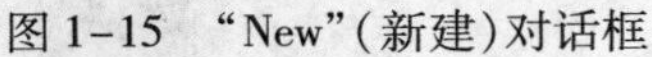
图 1-15 “New”(新建)对话框

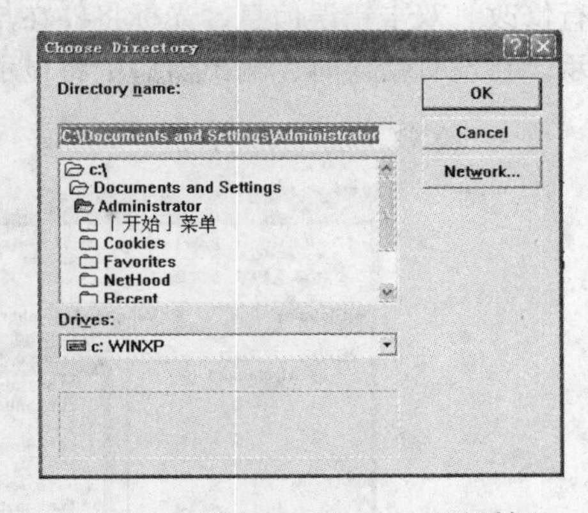


图 1-16 “Choose Directory”对话框

```
void main()
{ int a,b,c;
  a=2,b=5;
  c=add(a,b);
  printf("%d\n",c);
}
```

该程序由两个函数组成，一个是主函数 main()；另一个是 add() 函数，它在程序中被主函数调用。这两个函数存放在同一个文件中。

在主函数 main() 中，首先定义了两个整型变量 a 和 b，并赋值 2 和 5。其次，定义了一个整型变量 c。调用函数 add()，并将其返回值赋给变量 c。函数 add() 有两个整型参数 x 和 y，它的函数体内只有一条语句，即返回语句。函数的功能是将 x + y 的值返回给调用函数，该调用函数再将其返回值赋给变量 c。在主函数中还有一条输出语句，该语句输出变量 c 的值，即 a + b 的值。

检查程序有无错误，若无错误则选择“File”→“Save”命令，将此源文件保存在磁盘上。

（2）编译、连接和运行源程序

1）单文件程序：单文件程序是指程序只有一个文件，如前面输入的程序。

选择“Build”→“Build XXX. cpp”命令，弹出如图 1-17 所示的对话框，询问是否创建工程。

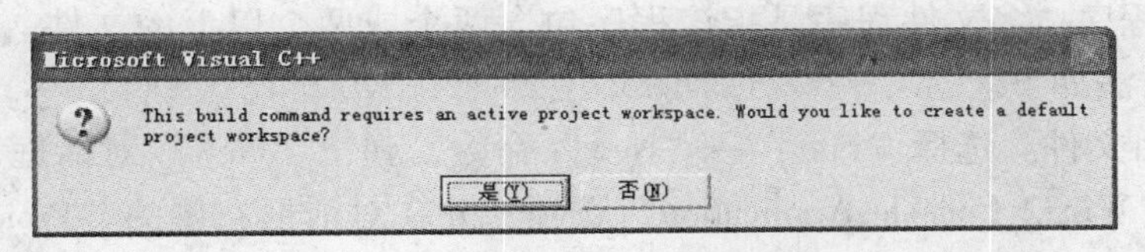


图 1-17 是否创建工程的询问对话框

单击“是”按钮，则在主窗口左侧的项目工作区中添加与源文件名同名的工程，如图 1-18 所示，之后系统开始进行编译。在编译过程中，系统将发现的错误显示在屏幕下面的输出窗口中。显示的错误信息指出该错误所在的行号和错误性质，用户可根据这些信息进行修改。双击错误信息，光标将停在与该错误信息对应的行上，并在该行前面用箭头加以提示。在没有错误时，输出窗口中将显示如下信息：

XXX. obj - 0 error(s), 0 warning(s)

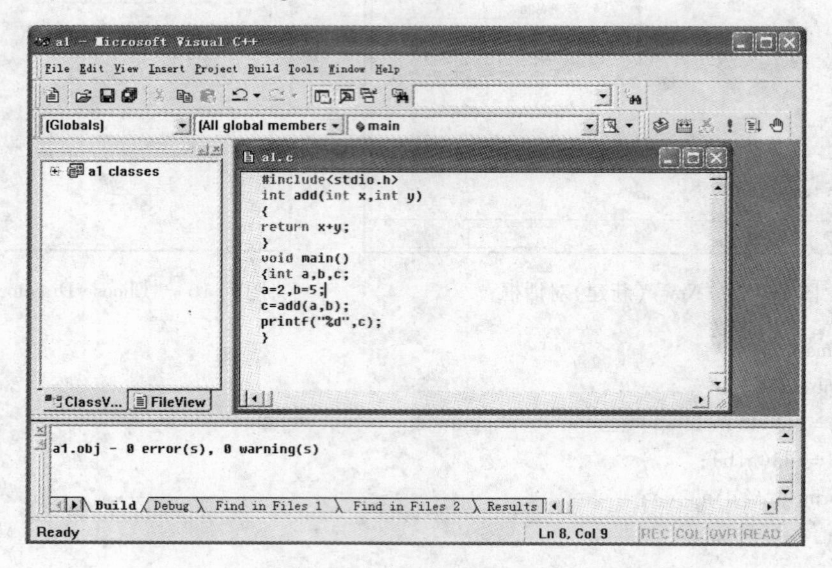


图 1-18　生成项目工程的主窗口

编译无错误后，再进行连接。此时，选择"Build"→"Build XXX. exe"命令，根据输出窗口中的错误信息提示，对出现的错误进行修改，直到没有连接错误为止。这时，在输出窗口中将显示如下信息：

XXX. exe - 0 error(s), 0 warning(s)

这说明编译、连接成功，并生成了以源文件名为名称的可执行文件。

执行可执行文件的方法之一是选择"Build"→"Execute XXX. exe"命令。这时，运行可执行程序，并将结果显示在另一个窗口中，显示结果如下：

a + b = 7
Press any key to continue

按任意键后，屏幕恢复显示源程序窗口。

2）多文件程序：多文件程序是指该程序包含两个或两个以上的文件，其编辑、编译、连接和运行的方法如下。

a. 创建项目文件。选择"File"→"New"命令，弹出"New"对话框，在"Projects"选项卡中选择"Win32 Console Application"选项，并在对话框右侧的"Project name"文本框中输入项目名称，在"Location"文本框中输入程序存放的路径，单击"OK"按钮，如图 1-19 所示。

系统弹出一个选择项目类型的对话框，如图 1-20 所示。选择"An empty project"单选按钮，并单击"Finish"按钮，则建立一个新项目。并在存放程序的目录下，建立一个以工程名为名称的目录，即该工程中的所有文件都可以存放在此目录下。

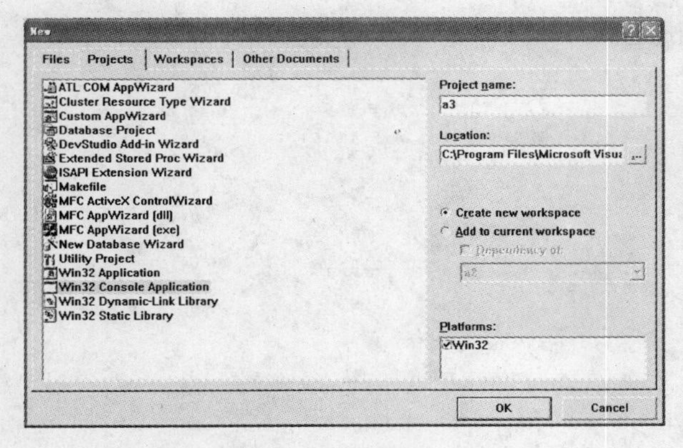


图 1-19　创建项目的对话框

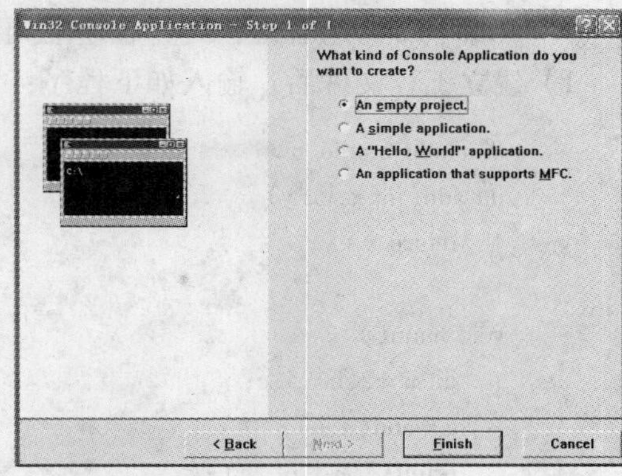


图 1-20　选择项目类型的对话框

b. 向项目中添加文件。选择 "Project" → "Add To Project" → "New" 命令，弹出 "New" 对话框。切换到 "Files" 选项卡，在左侧列表框中选择 "C ++ Source File" 选项，然后在对话框右侧的 "File" 文本框中输入文件名 filel，单击 "OK" 按钮。

文件 filel 的内容如下：

```
#include <stdio.h>
void main()
{   int a=2,b=5,c;
    c=add(a,b);
    printf("%d\n",c);
}
```

采用同样的方法建立文件 file2，其内容如下：

```
int add(int x,int y)
{   return x+y;
}
```

这样，就将两个 .cpp 或 .c 文件加入到前面所建立的空白工程中。

c. 编译、连接项目文件。选择 "Build" → "Rebuild All" 命令，编译、连接，并生成可执行文件。

d. 运行项目文件。选择 "Build" → "Execute XXX.exe" 命令，结果如下：

```
a+b=7
Press any key to continue
```

**2. 调试程序**

在 Visual C ++ 6.0 中，调试程序时，常用的功能键如下。

- 〈F9〉键：设置/取消断点。
- 〈F5〉键：在程序调试时，使程序运行到当前光标所在处。
- 〈F11〉键：单步执行，可跟踪进入函数内部。
- 〈F10〉键：单步执行，不能跟踪进入函数内部。

● 〈Shift + F5〉组合键：终止程序的调试运行。

1）建立工程文件后，输入如下程序：

```
#include < stdio. h >
int add( int x,int y)
{   return x + y;
}
void main( )
{   int a = 2,b = 5,c;
    c = add( a,b) ;
    printf( " % d\n" ,c) ;
}
```

在主函数的第 2 行，按〈F9〉键设置断点。程序中，此行的前面被加上圆点作为标记。按〈F5〉键开始进行调试，如图 1-21 所示。

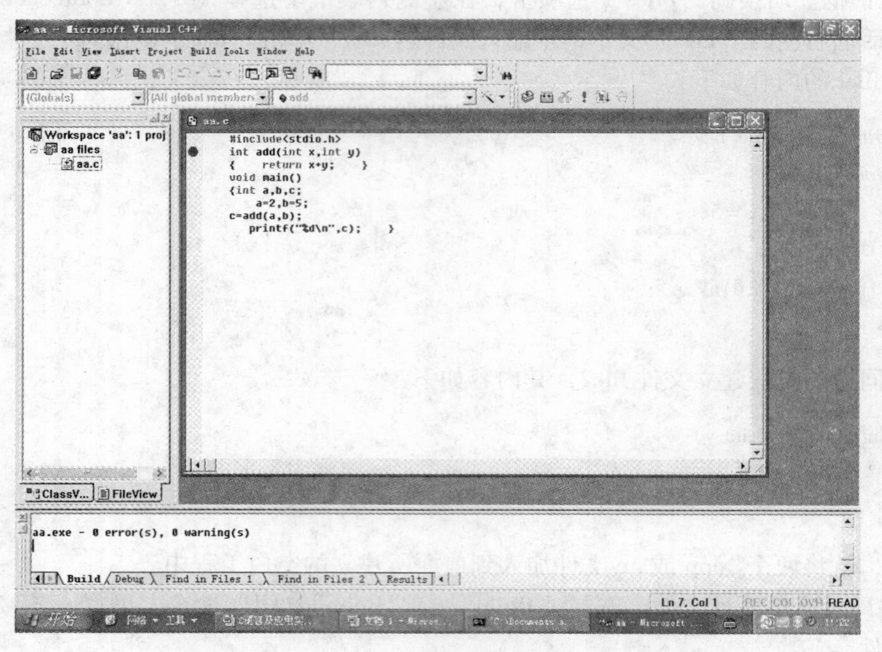


图 1-21　Visual C ++ 6. 0 设置断点后的跟踪窗口

此时，系统在编辑窗口的下部又增加了两个窗口，左侧是“Variables”窗口，用于显示当前可见变量的值，如可看到变量 a 的值为 2，变量 b 的值为 5；右侧是“Watch”窗口，单击后可以输入要查看值的变量名，在“Value”列显示此变量的值，按〈Delete〉键可删除此变量。

2）按〈F11〉键进入函数的内部，此时，可看到传入函数 add( )的形参 x、y 的值，如图 1-22 所示。

3）按〈F11〉键进入 add( )函数的内部，此时，可检查各变量的值是否正确。

4）按〈F11〉键跟踪点返回主函数，并将返回值赋给变量 c。

5）按〈F11〉键，输出 a + b = 7，结果正确。

**注意**：在跟踪到程序的任何一步时，若发现程序有错误，可用〈Shift + F5〉组合键终止程序的执行，改正错误后，再重新运行。

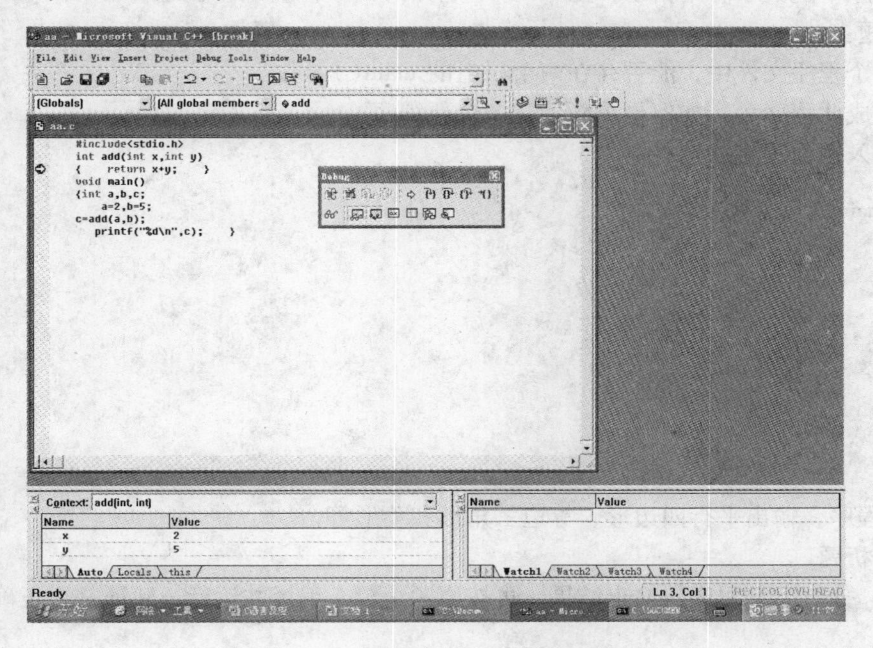

图 1-22 用〈F11〉键单步跟踪窗口

### 1.4.3 Turbo C 的使用

**【实验目的和要求】**

1）了解所用计算机系统的基本操作方法，学会独立使用 Turbo C 系统。

2）学会在该系统上如何编辑、编译、连接和运行一个 C 语言程序的方法。

3）通过运行简单的 C 语言程序，进一步了解 C 语言程序的特点、基本结构和语法规则。

**【实验内容】**

**1. 学习如何进入 Turbo C 环境**

**2. 编辑、调试程序**

```
#define PI 3.14
main()
{  int r,h;
   float v; r=5; h=10;
   v=PI*r*r*h;
   printf("v=%f\n",v);
}
```

1）输入上述程序后，保存该文件，编译、运行，查看结果，退出 Turbo C 环境，然后重新进入，调出刚存入的程序。

2）把上述程序的“r=5; h=10”；改成“scanf ("%d,%d", &r, &h);”，重新编译、运行，了解如何在运行时输入数据，并试一试应怎样提供数据。

3）把“float v;”和“v = PI * r * r * h;”进行交换。重新编译，会出现什么情况？

4）程序中的大小写用错了，如 main()写成了 Main()，结果会怎样？

思考题：

1）一个程序文件中，能否存在两个以上的 main()函数？

2）完成此程序后，如何再重新建立一个新程序？

**3. 输入下面程序并运行**

```
main()
{   printf("******\n");
    printf(" *****\n");
    printf("  ****\n");
    printf("   ***\n");
    printf("    **\n");
    printf("     *\n");
}
```

修改程序，输出平行四边形、等边三角形和菱形等。

**4. 分析题**

首先，分析下面程序的输出结果，再按原题编辑，编译并运行，验证是否正确。

```
main()
{ char c;
    printf("c = ");
    scanf("%c",&c); /*输入一个大写字母*/
    printf("c = %c\n",c + 32);
}
```

## 1.5 习题

**一、选择题**

1. 以下不正确的概念是________。

   A. 一个 C 语言程序由一个或多个函数组成

   B. 一个 C 语言程序必须包含一个 main()函数

   C. 在 C 语言程序中，可以只包括一条语句

   D. C 语言程序的每一行上可以写多条语句

2. 下面源程序的书写格式，不正确的是________。

   A. 一条语句可以写在几行上　　B. 一行上可以写几条语句

   C. 分号是语句的一部分　　D. 函数的首部必须加分号

3. 在 C 语言程序中________。

   A. main()函数必须放在程序的开始位置　　B. main()函数可以放在程序的任何位置

   C. main()函数必须放在程序的最后　　D. main()函数只能出现在库函数之后

4. 以下能正确构成 C 语言程序的是________。

A. 一个或若干个函数，其中 main( )函数是可选的

B. 一个或若干个函数，其中至少应包含一个 main( )函数

C. 一个或若干个子程序，其中包含一个主程序

D. 由若干个过程组成

5. C 语言程序的开始执行点是________。

A. 程序中第一条可以执行的语句　　B. 程序中的第一个函数

C. 程序中的 main( )函数　　D. 包含文件中的第一个函数

6. C 语言程序一行写不下时，可以________。

A. 用逗号换行　　B. 在任意一个空格处换行

C. 用回车符换行　　D. 用分号换行

7. 下列程序有错误的是________。

```
main()
{   int a,b,c;
    a=1:b=2;
    c=a+b;
}
```

A. main( )　　B. {int a，b，c;　　C. a=1：b=2;　　D. c=a+b;}

**二、填空题**

1. 一个 C 语言程序由若干个函数构成，其中必须有一个 ________。

2. 一个函数由两个部分组成：________ 和 ________。

3. 一个函数体的范围是以 ________ 开始，以 ________ 结束。

4. 一个语句最少包含 ________。

5. 空语句只包含 ________。

6. 注释部分以 ________ 开始，以 ________ 结束。

7. 任何 C 语言程序都是从 ________ 函数开始执行。

8. 在 C 语言中，构成程序的基本单位是 ________。

9. 一个 C 语言程序的开发过程包括编辑、________、连接和运行 4 个步骤。

**三、判断题**

1. C 语言程序的书写格式虽然自由，但为了清晰，一般在一行内写一个语句。

2. 分号是语句的必要组成部分，所以函数首部的后面和编译预处理的后面都得加分号。

3. 注释在程序执行时不产生任何操作，因此在程序中不需要注释。

4. C 语言程序的书写格式自由，一行内可以写多个语句，一个语句也可以写在多行上，C 语言程序也可以有行号。

5. C 语言程序中的#include 和#define 均不是 C 语言语句。

**四、分别用传统流程图和结构化流程图表示以下问题的算法**

1. 依次输入 10 个数，要求输出最大的。

2. 输入 10 个数，求它们的和。

3. 判断一个数是否能被 3 和 5 同时整除。

4. 输入一个数，判断是否是素数（素数就是质数）。

# 第 2 章　数据类型、运算符和表达式

本章主要介绍 C 语言中的数据类型、运算符和表达式。要求能够熟练掌握数据类型（基本类型、构造类型、指针类型和空类型）及基本类型数据的使用，熟练掌握运算符、运算优先级和结合性、不同类型数据间的转换与运算，掌握表达式类型（赋值表达式、算术表达式、关系表达式、逻辑表达式、条件表达式和逗号表达式）的使用和求值规则。

本章知识体系结构：

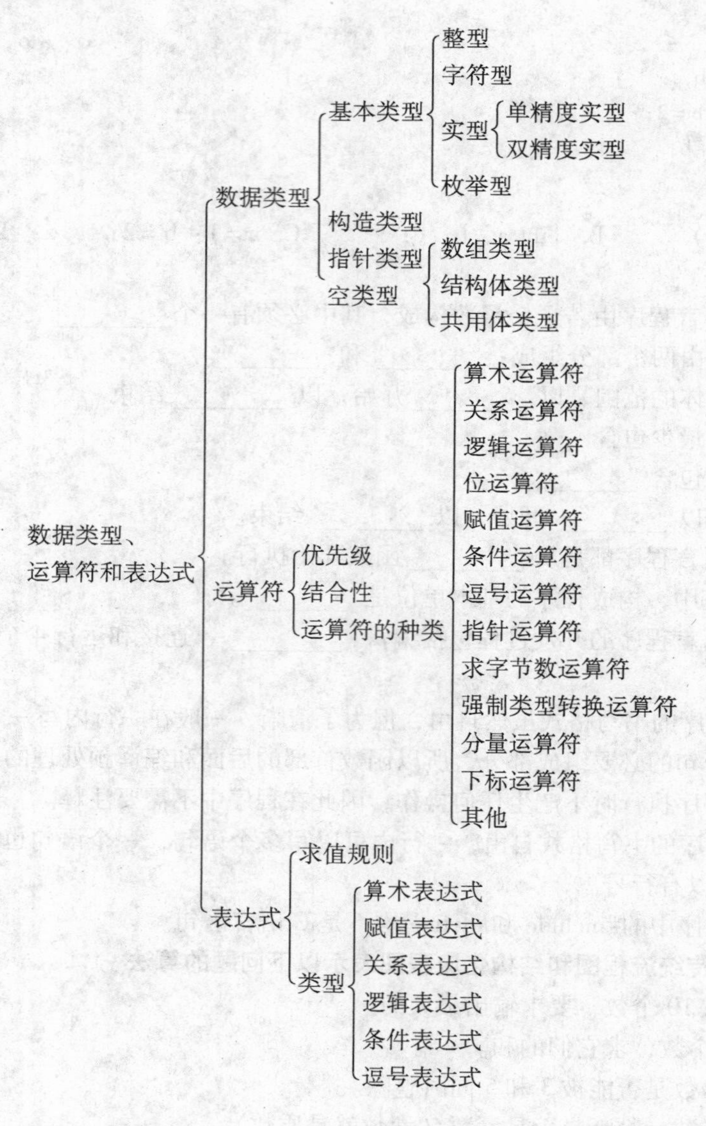

重点：基本类型数据的使用，C 语言运算符、运算优先级和结合性，不同类型数据间的转换与运算，C 语言表达式类型（赋值表达式、算术表达式、关系表达式、逻辑表达式、条件表达式和逗号表达式）的使用和求值规则。

难点：运算优先级和结合性、不同类型数据间的转换与运算。

## 2.1 C 语言数据类型简介

本节简单介绍 C 语言数据类型。C 语言的数据类型如下：

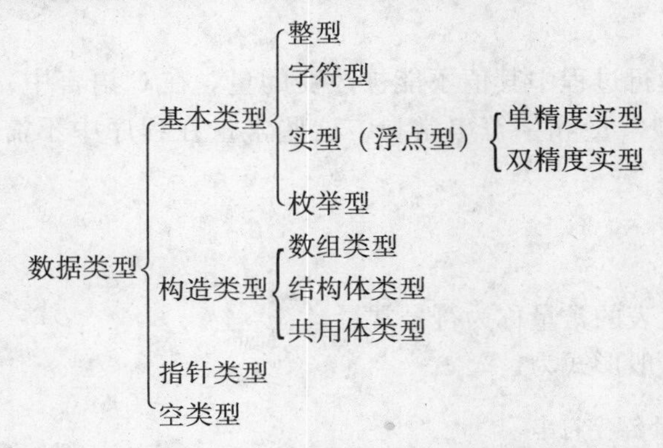


C 语言中的数据有常量与变量之分。程序中用到的所有数据都必须指明数据类型。

## 2.2 标识符

本节介绍字符集和标识符的构成及标识符的分类。

### 2.2.1 字符集

C 语言的字符集是指 C 语言程序中允许出现的字符，分为以下几类。

1）英文字母（大、小写）：A、B、C、D、…、Y、Z 、a、b、c、d、…、y、z。

2）数字：0、1、2、3、4、5、6、7、8、9。

3）特殊符号：+、 -、 *、/、%、 =、_、!、 (、)、#、 $、^、&、 [、]、 \、'、"、{、}、|、.、>、<、? 及空格等。

### 2.2.2 标识符概述

C 语言的标识符由字母、数字和下画线（_）组成，并且第一个字符必须是字母或下画线。大写字母和小写字母不通用，在使用标识符时，尽量采取“见名知义，常用从简”的原则。

### 2.2.3 标识符的分类

1）关键字：关键字也称为系统保留字，是一类特殊的标识符，在 C 语言中有特殊的含义，不允许作为用户标识符使用，不能用做常量名、变量名、函数名、类型名和文件名等。C 语言中的保留字共 32 个，保留字用小写字母表示。

2）预定义标识符：预定义标识符也有特定的含义。

3）用户标识符：用户标识符是用户根据自己的需要而定义的标识符，如对变量、常量和函数等的命名。

## 2.3 常量与变量

本节介绍C语言的常量、变量和符号常量的概念及使用。

### 2.3.1 常量

常量是指在程序运行过程中其值不能被改变的量。在C语言中，常用的常量有整型常量、实型常量、字符型常量和字符串常量，这些常量在程序中不需要预先说明就能直接使用。

### 2.3.2 符号常量

用一个指定名称代表的常量称为符号常量。

定义符号常量的一般形式为：

```
#define 符号常量名 字符串
```

符号常量和变量不同。符号常量定义以后其值是不能变的，即不能对符号常量赋值或用scanf函数重新输入值。变量的值却是可以改变的。

定义符号常量的好处是：如果需要改变程序中的某一个常量时，不需要一一改变这个常量，只要修改定义中的字符串即可。注意，#define不是C语言的语句，后面没有分号。

一般情况下，符号常量名用大写字母，其他标识符用小写字母。

### 2.3.3 变量

变量是指在程序运行过程中其值可以改变的量。程序中的变量由用户取名。实际上，变量是内存中的一个存储区，在存储区中存放着该变量的值。每个变量都有一个名称，如x、sum和max等。

变量在使用前必须进行声明，其目的是为变量在内存中申请存放数据的内存空间。

在程序中，一个变量实质上代表某个存储单元。要注意变量“名”和变量“值”的区别，变量的“名”是指该变量所代表存储单元的标志，而变量的“值”是指存储单元中的内容。

**注意：**大写字母和小写字母被认为是两个不同的字符，因此sum和SUM是两个不同的变量名。习惯上，为增加可读性，变量名用小写字母表示。

### 2.3.4 变量赋初值

C语言允许在定义变量的同时使变量初始化，也可以使被定义变量的一部分赋初值。

初始化不是在编译阶段完成的，而是在程序运行中，执行本函数时赋予初值的，相当于有一个赋值语句。

## 2.4 整型数据

### 2.4.1 整型数据在内存中的存储形式

整型数据在内存中是以二进制补码形式存放的。正数的补码就是它的二进制形式，负数的补码是将该数绝对值的二进制按位取反再加 1。

### 2.4.2 整型常量

整型常量简称整数，C 语言中有 3 种形式的整型常量：十进制整型常量、八进制整型常量和十六进制整型常量。

1）十进制整数。以人们通常习惯的十进制整数形式给出。

2）八进制整数。以数字 0 开始的数是八进制数。

3）十六进制整数。以数字 0x 开始的数是十六进制数，后面只能是有效的十六进制数字 0~9，a~f（A~F）表示十进制值 10~15。

整型常量后面紧跟大写字母 L（或小写字母 l），则表示此常量为长整型常量。例如 12L、43l 和 0L 等，这往往用于函数调用中。如果函数的形参为长整型，则要求实参也为长整型。

### 2.4.3 整型变量

整型变量分为基本型、短整型、长整型和无符号型。

C 语言标准没有具体规定以上各类数据所占内存字节数，各种机器处理上有所不同，一般以一个机器字存放一个 int 型数据，而 long 型数据的字节数应不小于 int 型，short 型不长于 int 型。常用的 Turbo C 对各类型数据的设定如表 2-1 所示。

表 2-1　Turbo C 对各类型数据的设定

| 类　型 | 类型标识符 | 所占字节数 | 数 值 范 围 |
|---|---|---|---|
| 基本类型 | int | 2 | $-32768 \sim 32767$，即 $-2^{15} \sim (2^{15}-1)$ |
| 短整型 | short [int] | 2 | $-32768 \sim 32767$，即 $-2^{15} \sim (2^{15}-1)$ |
| 长整型 | long [int] | 4 | $-2147483648 \sim 2147483647$，即 $-2^{31} \sim (2^{31}-1)$ |
| 无符号整型 | unsigned [int] | 2 | $0 \sim 65535$，即 $0 \sim (2^{16}-1)$ |
| 无符号短整型 | unsigned short | 2 | $0 \sim 65535$，即 $0 \sim (2^{16}-1)$ |
| 无符号长整型 | unsigned long | 4 | $0 \sim 4294967295$，即 $0 \sim (2^{32}-1)$ |

## 2.5 实型数据

### 2.5.1 实型常量

实型常量有两种表示形式：一种是十进制小数形式，另一种是指数形式。注意：在用指数形式表示实型数时，使用字母 E 和 e 都可以，指数部分必须是整数（若为正整数时，可以省略“+”号）。实型常量又称为浮点常量，也称为实数。在 C 语言中，实型常量只用十进制表示。

1）十进制小数形式，由数字、小数点和正负号组成。

2）指数形式，也称为科学计数法，用 e 或 E 表示指数。一般形式为 ae ± b，表示 $a\times10^{\pm b}$，其中，a 是十进制数，可以是整数或小数，b 必须是整数。

### 2.5.2 实型变量

实型变量分为单精度和双精度两类，例如：

```
float a,b;          /* 指定 a 和 b 为单精度实型变量 */
double c;           /* 指定 c 为双精度实型变量 */
```

在 Turbo C 中，对实型数据的设定如表 2-2 所示。

表 2-2 Turbo C 对实型数据的设定

| 类　型 | 类型标识符 | 所占字节数 | 有效数字 | 数值范围 |
|---|---|---|---|---|
| 单精度实型 | float | 4 | 6 ~ 7 位 | $10^{-37} \sim 10^{38}$ |
| 双精度实型 | double | 8 | 15 ~ 16 位 | $10^{-307} \sim 10^{308}$ |

应当避免将一个很大的数和一个很小的数直接相加或相减，否则会丢失小的数。

数据按整型存放是没有误差的，但取值范围一般较小。而按实型存放，取值范围较大，但往往存在误差。编写程序时，应根据以上特点，选择所需变量的类型。

## 2.6 字符型数据

### 2.6.1 字符常量

C 语言的字符常量是用单引号（'）括起来的一个字符。如 'a'、'1'、'D'、'?'和'$'等都是字符常量。字符常量中的字母区分大小写，如'a'和'A'是不同的字符常量。

C 语言还允许使用一种特殊形式的字符常量，就是以一个"\"开头的字符序列。表 2-3 中列出的字符称为转义字符，意思是将反斜杠（\）后面的字符转换成另外的含义。如前面 printf 函数中的'\n'，不代表字母 n，而代表“换行符”。这是一种控制字符，在屏幕上不显示。

表 2-3 转义字符及其含义

| 字符形式 | 含　义 | ASCII 代码 |
|---|---|---|
| \n | 换行，将当前位置移到下一行开头 | 10 |
| \t | 水平制表（跳到下一个 Tab 位置） | 9 |
| \f | 换页，将当前位置移到下页开头 | 12 |
| \b | 退格，将当前位置移到前一列 | 8 |
| \r | 回车，将当前位置移到本行开头 | 13 |
| \\ | 反斜杠字符“\” | 92 |
| \' | 单引号（撇号）字符 | 39 |
| \" | 双引号字符 | 34 |
| \ddd | 1 ~ 3 位八进制数所代表的字符 | |
| \xhh | 1 ~ 2 位十六进制数所代表的字符 | |

### 2.6.2 字符串常量

字符串常量是用一对双引号括起来的字符序列。可以输出一个字符串。

不要将字符常量与字符串常量混淆。'a'是字符常量,"a"是字符串常量，两者不同。C 语言规定：在每一个字符串的结尾加一个（'\0'）作为字符串结束标志，以便系统据此判断字符串是否结束。

### 2.6.3 字符变量

字符变量用来存放一个字符常量，字符变量用 char 来定义。

可以把一个字符型常量或字符型变量的值赋给一个字符变量，不能将一个字符串常量赋给一个字符变量。

给字符变量赋值可以采用如下 3 种方法：

1）直接赋予字符常量。

2）赋予转义字符。

3）赋予一个字符的 ASCII 代码。

应记住，字符数据与整型数据两者间是通用的，可以互相赋值和运算。在 C 语言中，可以利用加或减 32 进行大小写的转换。

## 2.7 运算符和表达式

用来表示各种运算的符号称为运算符。表达式是由运算符、常量、变量和函数按照一定规则构成的式子。C 语言中，任何一个表达式都有一个确定的值，该值称为表达式的值。

### 2.7.1 C 语言运算符简介

C 语言的运算符非常丰富，有以下几类：

- 算术运算符（+　-　*　/　%）
- 关系运算符（>　<　==　>=　<=　!=）
- 逻辑运算符（!　&&　||）
- 位运算符（<<　>>　~　|　^　&）
- 赋值运算符（=及其扩展赋值运算符）
- 条件运算符（?　:）
- 逗号运算符（,）
- 指针运算符（*和&）
- 求字节数运算符（sizeof）
- 强制类型转换运算符（类型）
- 分量运算符（.　->）
- 下标运算符（[]）
- 其他（如函数调用运算符()）

### 2.7.2 表达式的求值规则

在一个表达式中，可以包含不同类型的运算符。C 语言规定了运算符的优先级和结合性。在表达式求值时，先按运算符优先级别的高低次序执行。如果在一个运算对象两侧的运算符，其优先级别相同，则按规定的结合方向处理。C 语言规定了各种运算符的结合方向（结合性）。算术运算符的结合方向为自左至右，即先左后右。自左至右的结合方向又称为左结合性，即运算对象先与左面的运算符结合。有些运算符的结合方向为自右至左，即右结合性。

### 2.7.3 混合运算中的类型转换

**1. 自动类型转换**

字符型数据可以与整型数据通用，因此，整型、字符型和实型（包括单、双精度）数据可以出现在一个表达式中进行混合运算。在进行运算时，不同类型的数据要先转换成同一类型，然后进行运算，转换规则如图 2-2 所示。

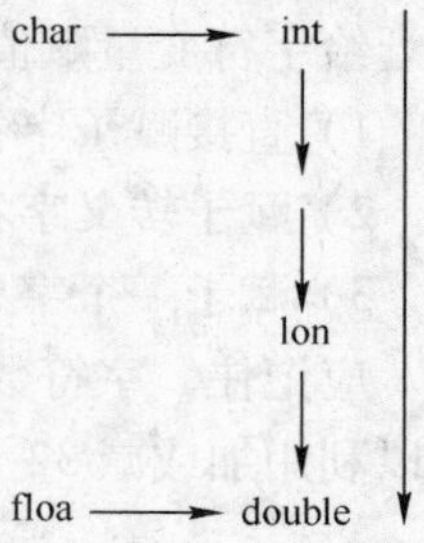

char ⟶ int

lon

floa ⟶ double

图 2-1 转换规则

图 2-1 中的横向箭头表示必定的转换。如字符数据必定先转换为整数，short 型转换为 int 型，float 型数据在运算时一律先转换成双精度型，以提高运算精度（即使是两个 float 型数据相加，也都先化成 double 型，然后再相加）。

纵向的箭头表示当运算对象为不同类型时转换的方向。例如 int 型与 double 型数据进行运算，先将 int 型数据转换成 double 型。然后再进行两个同类型（double 型）数据间的运算，结果为 double 型。注意，箭头方向只表示数据类型级别的高低，由低向高转换，不要理解为 int 型先转成 unsigned 型，再转成 long 型，然后转成 double 型。如果一个 int 型数据与一个 double 型数据运算，则直接将 int 型转成 double 型。同理，一个 int 型与一个 long 型数据运算，也是先将 int 型转换成 long 型。

上述的类型转换是由系统自动进行的。

**2. 强制类型转换运算符**

可以利用强制类型转换运算符将一个表达式转换成所需类型。

其一般形式为：

```
(类型名)(表达式)
```

注意，表达式应该用括号括起来。

1）C 语言在强制类型转换时，括起来的是类型而不是需要转换的变量，但需要转换的是表达式应该用括号括起来。

2）在强制类型转换时，得到一个所需类型的中间变量，原来变量的类型未发生变化。

## 2.8 算术运算符和算术表达式

### 2.8.1 基本算术运算符

基本算术运算符包括以下几种：

- +（加法运算符，或正值运算符）
- -（减法运算符，或负值运算符）
- *（乘法运算符）
- /（除法运算符）
- %（模运算符，或称为求余运算符。“%”两侧均应为整型数据）

### 2.8.2 算术表达式和运算符的优先级与结合性

用算术运算符和括号将运算对象（也称为操作数）连接起来的、符合 C 语言语法规则的式子，称为 C 语言算术表达式。运算对象包括常量、变量和函数等。

算术运算符的结合方向为自左至右。如果一个运算符两侧的数据类型不同，则先自动进行类型转换，使两者具有同一种类型，然后进行运算。

### 2.8.3 自增、自减运算符

自增、自减运算符的作用是使变量的值增 1 或减 1。

```
++i, --i /* 在使用 i 之前,先使 i 的值加(减)1 */
i++ ,i-- /* 在使用 i 之后,使 i 的值加(减)1 */
```

**注意：**

1）自增运算符（++）和自减运算符（--），只能用于变量，而不能用于常量或表达式。

2）“++”和“--”的结合方向是自右至左。自增（减）运算符常用于循环语句中，使循环变量自动加（减）1，也用于指针变量，使指针指向下一个地址。

## 2.9 赋值运算与赋值表达式

### 2.9.1 赋值运算符

赋值符号“=”就是赋值运算符，它的作用是将一个数据赋给一个变量。

### 2.9.2 类型转换

如果赋值运算符两侧的类型不一致，但都是数值型或字符型时，在赋值时，要进行类型转换。

1）将实型数据（包括单、双精度）赋给整型变量时，舍弃实数的小数部分。

2）将整型数据赋给单、双精度变量时，数值不变，但以浮点数形式存储到变量中。

3）将一个 double 型数据赋给 float 型变量时，只保留前 7 位有效数字，存放到 float 型变量的存储单元（32 位）中。但应注意数值范围不能溢出。

将一个 float 型数据赋给 double 型变量时，数值不变，有效位数扩展到 16 位，在内存中以 64 位（bit）存储。

4）字符型数据赋给整型变量时，由于字符只占 1 个字节，而整型变量为 2 个字节，因此，将字符数据（8 位）放到整型变量的低 8 位中有以下两种情况：

- 如果所用系统将字符处理为无符号的量或对 unsigned char 型变量赋值，则将字符的 8 位放到整型变量低 8 位，高 8 位补零。
- 如果所用系统（如 Turbo C）将字符处理为带符号的量（即 signed char），若字符最高位为 0，则整型变量高 8 位补 0；若字符最高位为 1，则高 8 位全补 1。

5）将一个 int、short、long 型数据赋给一个 char 型变量时，只将其低 8 位原封不动地送到 char 型变量（即截断）。

6）将带符号的整型数据（int 型）赋给 long 型变量时，要进行符号扩展，将整型数的 16 位送到 long 型低 16 位中：如果 int 型数据为正值（符号位为 0），则 long 型变量的高 16 位补 0；如果 int 型变量为负值（符号位为 1），则 long 型变量的高 16 位补 1，以保持数值不改变。反之，若将一个 long 型数据赋给一个 int 型变量，只将 long 型数据的低 16 位原封不动地送到整型变量（即截断）。

以上的赋值规则看起来比较复杂。其实，不同类型整型数据间的赋值归根到底就是一条：按存储单元中的存储形式直接传送。

### 2.9.3 复合的赋值运算符

C 语言规定，可使用 10 种复合赋值运算符，即：

+=、-=、*=、/=、%=、<<=、>>=、&=、^=、|=

后 5 种是有关位运算的，将在第 11 章介绍。

C 语言采用这种复合运算符，一是为了简化程序，使程序精练；二是为了提高编译效率，有利于编译，能产生质量较高的目标代码。

### 2.9.4 赋值表达式

由赋值运算符将一个变量和一个表达式连接起来的式子称为“赋值表达式”。

它的一般形式为：

<变量>=<表达式>

赋值表达式求解的过程是：将赋值运算符右侧“表达式”的值赋给左侧的变量。

上述一般形式的赋值表达式中，“表达式”又可以是一个赋值表达式。

赋值表达式也可以包含复合的赋值运算符。

## 2.10 逗号运算符和逗号表达式

在 C 语言中，逗号“,”也是一种运算符，称为逗号运算符。其功能是把两个表达式连接起来，组成一个表达式，称为逗号表达式。逗号运算符是所有运算符中级别最低的。

其一般形式为：

表达式 1,表达式 2,表达式 3,…,表达式 n

其求值过程是：先求解表达式 1 的值，再求解表达式 2 的值……一直到求解表达式 n 的值，而整个逗号表达式的值是表达式 n 的值。

## 2.11　关系运算符和关系表达式

### 2.11.1　关系运算符及其优先次序

C 语言提供如下 6 种关系运算符：

- <　　　（小于）
- <=　　（小于或等于）
- >　　　（大于）
- >=　　（大于或等于）
- ==　　（等于）
- ! =　　（不等于）

关于优先次序，有 3 点说明：

1）前 4 种关系运算符（ <， <=， >， >=）的优先级别相同，后两种也相同。前 4 种高于后两种。例如，“ >”优先于“ ==”，而“ >”与“ <”优先级相同。

2）关系运算符的优先级低于算术运算符。

3）关系运算符的优先级高于赋值运算符。

### 2.11.2　关系表达式

用关系运算符将两个表达式连接起来的式子，称为关系表达式。关系表达式的值是一个逻辑值，即“真”或“假”。C 语言中，以 1 代表“真”，以 0 代表“假”。

## 2.12　逻辑运算符及逻辑表达式

### 2.12.1　逻辑运算符及其优先次序

C 语言提供如下 3 种逻辑运算符：

- && 逻辑与
- ‖ 逻辑或
- ! 逻辑非

“&&”和“ ‖ ”是双目（元）运算符，它要求有两个运算量（操作数）；“!”是一目（元）运算符，只要求有一个运算量。

逻辑运算符的优先次序如下：

1）!（非）、&&（与）、‖（或），即“!”的优先级最高，其次是“&&”，最后是“ ‖ ”。

2）逻辑运算符中的“&&”和“ ‖ ”低于关系运算符，“!”高于算术运算符。

求值规则如下：

与（&&）：参与运算的两个量都为“真”时，结果才为“真”，否则为“假”。

或（ ‖ ）：参与运算的两个量，只要一个为“真”，结果就为“真”；两个量都为“假”时，结果才为“假”。

非（!）：参与运算的量为“真”时，结果才为“假”；参与运算的量为“假”时，结果才为“真”。

### 2.12.2 逻辑表达式

C语言编译系统在给出逻辑运算结果时，以数值1代表“真”，0代表“假”。但在判断一个量是否为“真”时，0代表“假”，以非0代表“真”。即将一个非0的数值认为“真”。

实际上，逻辑运算符两侧的运算对象不但可以是0和1，或者是0和非0的整数，也可以是任何类型的数据。系统最终以0和非0来判定它们属于“假”或“真”。

在逻辑表达式的求解过程中，并不是所有的逻辑运算符都被执行。只是在必须执行下一个逻辑运算符才能求出表达式的解时，才执行该运算符。

对于运算符“&&”来说，只有左边表达式的值为“真”时，才计算右边表达式的值。而对于运算符“‖”来说，只有左边表达式的值为“假”时，才计算右边表达式的值。

在使用运算符“&&”的表达式中，把最可能为“假”的条件放在最左边；在使用运算符“‖”的表达式中，把最可能为“真”的条件放在最左边。这样能减少程序的运行时间。

## 2.13 条件运算符与条件表达式

### 2.13.1 条件运算符与条件表达式概述

条件运算符是C语言中唯一的三目运算符，符号为“？:”，它有3个运算对象。由条件运算符连接3个运算对象组成的表达式称为条件表达式。

条件表达式的一般形式为：

表达式1 ？ 表达式2:表达式3

条件表达式的运算规则为：先求解表达式1的值，若其为“真”（非0），则求解表达式2的值，且整个条件表达式的值等于表达式2的值；若表达式1为“假”（0），则求解表达式3的值，且整个条件表达式的值等于表达式3的值。

条件运算的运算对象可以是任意合法的常量、变量或表达式，而且表达式1、表达式2和表达式3的类型可以不同。对表达式1，无论是什么类型，对于条件表达式的执行而言，只区分它的值为0或非0。但一般情况下，表达式1表示某种条件，常常是关系表达式或逻辑表达式。

### 2.13.2 条件运算符的优先级与结合性

条件运算符的优先级高于赋值运算符，但低于算术运算符、自增自减运算符、逻辑运算符和关系运算符。条件运算符具有右结合性。

## 2.14 实验

### 数据类型、运算符和表达式

**【实验目的和要求】**

1）掌握C语言的数据类型，熟悉如何定义一个整型、字符型、单精度实型和双精度实型变量，以及对它们赋值的方法。了解以上类型数据输出时所用的格式符。

2）学会使用C语言的算术运算符、赋值运算符和扩展的赋值运算符，以及包含这些运算符的表达式，特别是自加（++）和自减（--）运算符的使用。

3）掌握C语言中使用最多的语句——赋值语句的使用。

4）进一步熟悉C语言程序的编辑、编译、连接和运行过程。

**【实验内容】**

**1. 分析题**

1）分析下面程序的输出结果，并验证分析的结果是否正确。

```
main()
{   char c1,c2;
    c1 =97;
    c2 =98;
    printf("%c,%c\n",c1,c2);
}
```

在此基础上，分别作以下改动并运行。

第1步，加一个printf语句，即：

```
printf("%d,%d\n",c1,c2);
```

第2步：将第2行改为：

```
int c1,c2;
```

第3步将第3、4行改为：

```
c1 =300;c2 =400;
```

2）输入并运行下述程序：

```
main()
{    int i,j,m,n;
     i =8;
     j =10;
     m = ++i;
     n =j ++;
     printf("%d,%d, %d,%d\n",i,j,m,n);
}
```

分别作以下改动并运行。

第1步第5~6行改为：

```
m =i ++;
n = ++j;
```

第2步，程序改为：

```
main()
{ int i,j;
    i=8;
    j=10;
    printf("%d,%d\n",i++,j++);
}
```

第3步，程序改为：

```
main()
{   int i,j;
    i=8;
    j=10;
    printf("%d,%d\n", ++i, ++j);
}
```

第4步，将printf语句改为：

```
printf("%d,%d,%d,%d\n",i,j,i++,j++);
```

第5步，程序改为：

```
main()
{   int i,j,m=0,n=0;
    i=8;
    j=10;
    m+ =i++;
    n+ = ++j;
    printf("%d,%d,%d,%d\n",i,j,m,n);
}
```

第6步，将第5步程序中的第3、4行改为：

```
i=8;
j=010;
```

运行结果与第5步有什么不同？为什么？

**2. 改错题**

1）分析下面程序存在的错误并改正。

```
main()
{   a=10;m=2;
    printf("%d",a+m);
}
```

2）分析下面程序存在的错误并改正。

```
main()
{   int 2-x=1,y=3;
```

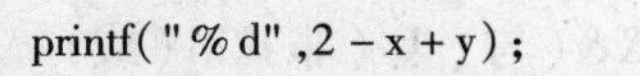

```
printf("%d",2-x+y);
}
```

### 3. 编程题

1）求二次方程 x2 +4x -6 =0 的两个实根。

2）输入三角形的两边及其夹角，求三角形的面积。

## 2.15 习题

### 一、选择题

1. 在 x 值处于 -2 到 2，4 到 8 时，值为“真”，否则为“假”的表达式是________。

   A. (2 >x > -2) || (4 >x >8)

   B. ! ((x <= -2) || (x >=2)) || ((x <=4) || (x >=8))

   C. (x <2) && (x >= -2) || (x >4) && (x <8)

   D. (x > -2) && (x >4) || (x <8) && (x <2)

2. 下述表达式中，可以正确表示 x≤0 或 x≥1 的关系表达式是________。

   A. (x >=1) || (x <=0)　　B. x > || x <=0

   C. x >=1OR. x <=0　　D. x >=1 || x <=0

3. 在 C 语言中，要求参加运算的数必须是整数的运算符是________。

   A. /　　B. !　　C. %　　D. ==

4. 下列选项中，C 语言提供的合法数据类型关键字为________。

   A. float　　B. unsigned　　C. integer　　D. char

5. 属于合法的 C 语言长整型常量是________。

   A. 5876　　B. 1L　　C. 2E10　　D. (long) 587627

6. 以下变量名全部合法的是________。

   A. ABC. L10. a_B. _a1　　B. ? 123. print、p、a + b

   C. -12、Zhang、0p、11F　　D. Li_Li、P、for、101

7. 在 C 语言中，规定只能由字母、数字和下划线组成标识符，且________。

   A. 第一个字符必须为下划线　　B. 第一个字符必须为字母

   C. 第一个字符必须为字母或数字　　D. 第一个字符不能为数字

8. 在 C 语言中，运算符优先级高低的排列顺序是________。

   A. 关系运算符 算术运算符 赋值运算符

   B. 算术运算符 赋值运算符 关系运算符

   C. 赋值运算符 关系运算符 算术运算符

   D. 算术运算符 关系运算符 赋值运算符

9. 在 C 语言中，int、short 和 char 在内存中所占位数________。

   A. 均为 16 位（2 个字节）　　B. 由用户使用的机器字长确定

   C. 由用户在程序中定义　　D. 是任意的

10. 在逻辑运算中，逻辑运算符按以下优先次序排列________。

    A. ||（或）&&（与）!（非）　　B. !（非）||（或）&&（与）

C. ！（非）&&（与）||（或） D. &&（与）！（非）||（或）

11. 以下正确的选项是________。

A. 5 ++ B. （x - y）--

C. ++（a - b） D. （a ++）+（a ++）+（a ++）

12. 以下均是 C 语言合法常量的选项是________。

A. 099、-026、0xl 23、e5 B. 034、0xl02、13e - 3、-0.78

C. -0x22D、06f、8e2、3. e D. . e7、0xffff、12%、2、5e1.2

13. 以下转义字符全部合法的选项是________。

A. '\ n'、'\ \'、'\ x35'、'\" B. '\ t'、'\ 1010'、'\ v'、'\ 123'

C. '\ xll0'、'\ b'、'\ v'、'\ xxx' D. '\ rr'、'\ r'、'\ 55'、'\ xff'

14. 以下选项中，字符串和字符常量都正确的是________。

A. 'chr'和"a" B. '123'和'\'

C. "string"和'S ' D. "678"和"\0"

15. 正确的赋值表达式是________。

A. a = 3 + b -- = 7 + k B. （a = 16 * 9，b + 5），b = 2

C. a = b -- = c -- D. a = b + 1 = a - b

16. 设 C 语言中，int 类型数据占 2 个字节，则 long 类型数据占________个字节。

A. 1 B. 2 C. 8 D. 4

17. 以下程序的输出结果是________。

```
main( )
{   int x = 10,y = 10;
    printf("%d%d\n",x -- , -- y);
}
```

A. 10 10 B. 9 9 C. 9 10 D. 10 9

**二、填空题**

1. 经过下述赋值后，变量 x 的数据类型是________。

```
int x = 2;
double y;
y = (int)(float)x;
```

2. C 语言的基本数据类型分为________、________、________和________。

3. 若 a、b 和 c 均是 int 型变量，则执行表达式 a =（b = 4）+（c = 2）后，a 的值为________，b 的值为________，c 的值为________。

4. 若 a 是 int 型变量，且 a 的初值为 6，则执行表达式 a + = a - = a * a 后，a 的值为________。

5. 若 a 是 int 型变量，则执行表达式 a = 25/3%3 后，a 的值为________。

6. 若 x 和 n 均是 int 型变量，且 x 和 n 的初值均为 5，则执行表达式 x + = n ++ 后，x 的值为________，n 的值为________。

7. 若有定义"int b = 7，float a = 2.5，c = 4.7;"，则表达式 a +（int）（b/3 *（int）（a + c）/

2)%4 的值为 ________。

8. 若有定义“double x,y;”，且 x = 3.0，y = 2.0，则表达式 pow(y,fabs(x))的值为 ________。

9. 若有定义“int e = 1,f = 4,g = 2;float m = 10.5,n = 4.0,k;”,则执行赋值表达式 k = (e + f)/g + m + sqrt((double) n) * 1.2/g 后,k 的值是 ________。

10. 表达式 8/4 * (int)2.5/(int)(1.25 * (3.7 + 2.3))值的数据类型为 ________。

11. 表达式 pow(2.8,sqrt(double(x)))值的数据类型为 ________。

12. 若 s 是 int 型变量，且 s = 6,则下面表达式 s%2 + (s + 1)%2 的值为 ________。

13. 若 a 是 int 型变量，则表达式“ (a = 4 * 5, a * 2), a + 6”的值为 ________。

14. 若 x 和 a 均是 int 型变量，则执行表达式 x = (a = 4,6 * 2)后的 x 值为 ________，执行表达式“x = a = 4, 6 * 2”后的 x 值为 ________。

15. 若有定义“int m = 5, y = 2;”，则执行表达式 y + = y - = m * = y 后，y 的值是 ______。

16. 表达式 32 + 'B' - 2/7 * 3 的值是 ________，a = b = c = 4 + 3/7 的值是 ________，逗号表达式“b = 7, 11 + (b + = 5) * 2”的值是 ________。

17. 设 a = 3，b = -4，c = 5，表达式! (b > c) + (b! = a) || (a + b) && (b - c) 的值是 ________。

18. 设 a = 3，b = -4，c = 5，表达式 a ++ - c + b ++ 的值是 ________，++ a - c + ( ++ b) 的值是 ________。

19. 设 a = 3，b = -4，c = 5，表达式“a + b，b * 5，a = b + 4”的值是 ________，b% = c + a - c/5 的值是 ________。

20. 若“int a = 2，b = 3；float x = 3.5，y = 2.5;”，则表达式(float)(a + b)/2 + (int)x%(int)y 的值为 ________。

21. 若“char c = '\010';”，则变量 c 中包含的字符个数为 ________。

22. 若有定义“int x = 3，y = 2；float a = 2.5，b = 3.5;”，则表达式(x + y)%2 + (int)a/(int)b 的值为 ________。

23. 若有定义“int x，n;”，且 x = 12，n = 5，则执行表达式 x% = (n% = 2) 后，x 的值为 ________。

24. 假设所有变量均为整型，则表达式(a = 2,b = 5,a ++ ,b ++ ,a + b)的值为 ________。

25. 已知字母 a 的 ASCII 码为 97，若有定义“char ch;”，则表达式 ch = 'a' + '8' - '3' 的值为 ________。

**三、分析程序题**

1. 下列程序的运行结果是 ________。

```
#include <stdio.h>
main()
{    int a = 011,b = 101;
     printf("\n%x,%o", ++a,b++);
}
```

2. 下列程序的运行结果是 ________。

```
#include <stdio.h>
#define M 3
#define N M+1
#define NN N*N/2
main()
{   printf("%d\n",NN);
    printf("%d\n",5*NN);
}
```

3. 下列程序的运行结果是______。

```
#include <stdio.h>
main()
{   int x=02,y=3;
    printf("x=%d,y=%d",x,y);
}
```

4. 下列程序的运行结果是______。

```
main()
{   int k,j;
    float a,b;
    char c;
    long m,n;
    k=8;j=-3;
    a=25.0;b=3.0;
    m=a/b;
    n=m+k/j;
    printf("%ld\n",n);
}
```

5. 下列程序的运行结果是______。

```
main()
{   char ch;
    ch='B';
    printf("%c,%d\n",ch,ch);
}
```

6. 下列程序的运行结果是______。

```
main()
{   int a=12,b=12;
    printf("%d%d\n",--a,++b);
}
```

7. 下列程序的运行结果是______。

```
main()
{   int m=5;
    if(++m>5)
        printf("%d\n",m);
    else
        printf("%d\n",m--);
}
```

## 四、改错题

1. 分析下面程序存在的错误，并改正。

```
main()
{   x=1;y=2;
    printf("%d",x-y);
}
```

2. 分析下面程序存在的错误，并改正。

```
main()
{   int x=1;y=2;
    printf("%d",x-y);
}
```

3. 分析下面程序存在的错误，并改正。

```
main()
{   int a=1 y=2;
    printf("%d",x-y);
}
```

4. 分析下面程序存在的错误，并改正。

```
main()
{   int 2x=1,y=2;
    printf("%d",2x-y);
}
```

5. 分析下面程序存在的错误，并改正。

```
main()
{   char x=a;
    printf("%c",x);
}
```

6. 分析下面程序存在的错误，并改正。

```
#define n 10
main()
{   float a=10,b=5,c;
```

```
    c = int(a) % int(b)/n;
    printf("%d",c);
}
```

## 五、编程题

1. 输入一个十进制数，按八进制、十六进制输出。
2. 输入 5 个数，求平均值。
3. 输入三角形的两边及其夹角，求三角形的面积。

# 第3章　顺序结构程序设计

本章主要介绍顺序结构程序的设计方法。了解控制语句、函数调用语句，表达式语句、空语句和复合语句的概念，掌握赋值语句的使用。重点掌握有格式的数据输入（scanf）与输出（printf）语句，正确使用输入/输出函数。通过上机实验，对复杂的格式控制字符串有更深入的了解和运用，能够进行简单的顺序结构程序设计。

本章知识体系结构：

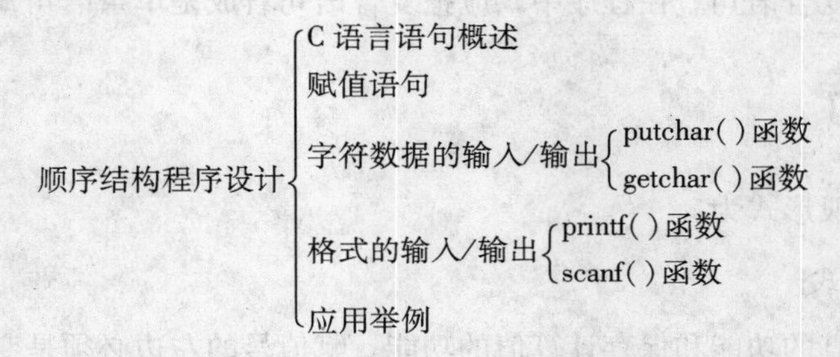


重点：printf 语句和 scanf 语句的使用及顺序结构程序设计的常用算法。

难点：printf 语句和 scanf 语句的应用及其格式控制字符串的使用。

## 3.1　C语言语句概述

C语言的语句可以分5五类。

1）控制语句。控制语句完成一定的控制功能。C语言只有如下9种控制语句。

- if( )... else...：分支语句。
- switch：多分支语句。
- while( )...：当型循环语句。
- do... while( )：do 循环语句。
- for( )...：for 循环语句。
- break：跳出语句，终止执行 switch 或循环。
- continue：结束本次循环语句。
- goto：转向语句。
- return：返回语句。

上面9个语句中的"( )"表示其中是条件，"..."表示一个内嵌语句。

2）函数调用语句。函数调用语句由函数调用加一个分号构成一个语句。

其一般形式为：

```
函数名(实际参数表);
```

执行函数语句就是调用函数体，并把实际参数赋予函数定义中的形式参数，然后执行被调函数体中的语句，求函数值。

3）表达式语句。表达式语句由一个表达式加一个分号构成。

其一般形式为：

```
表达式;
```

执行表达式语句就是计算表达式的值。

4）空语句。空语句即为只有一个分号的语句，即“;”。空语句是什么也不执行的语句。在有的循环中，循环体什么也不执行，就用空语句来表示。

5）复合语句。用“{}”将多条语句括起来就成为复合语句。

在一些语句的格式中，要求由一个语句构成。但在实际处理时，却要由多个语句才能完成，这时就可以用复合语句。在程序中，应把复合语句看成是单条语句，而不是多条语句。

## 3.2 赋值语句

赋值语句的一般形式为：

```
变量 = 表达式;
```

赋值语句有计算的功能和保存计算值的功能。赋值号的左边必须是变量，右边可以是常量、变量或表达式。赋值语句是先把右边表达式的值计算出来，赋给左边的变量，然后保存起来。

赋值运算具有右结合性，程序执行时从右向左执行。

其展开之后的一般形式为：

```
变量 = 变量 = … = 表达式;
```

## 3.3 字符数据的输入/输出

C 语言本身并不提供输入/输出操作的语句，程序中的输入/输出用一组库函数来实现。

### 3.3.1 字符输出函数

putchar()函数的作用是把一个字符输出到标准输出设备（通常指显示器或打印机）。其一般调用形式为：

```
putchar(ch);
```

功能：向终端输出一个字符。

### 3.3.2 字符输入函数

getchar()函数的作用是从标准输入设备（通常指键盘）上读入一个字符。getchar()的一般调用形式为：

```
getchar();
```

功能：从标准输入设备（如键盘）接收一个字符。

## 3.4 格式的输入/输出

### 3.4.1 格式输出函数

printf（）称为格式输出函数，其一般调用形式为：

printf("格式控制字符串",输出表列)；

其中，格式控制部分是一个用双引号括起来的字符串，用来确定输出项的格式和需要输出的字符串，输出项可以是合法的常量、变量和表达式，输出表列中的各项之间要用逗号分开。格式字符与printf()的附加格式说明字符如表3-1与表3-2所示。

表3-1 格式字符

| 格式字符 | 说明 |
|---|---|
| d | 以有符号十进制的形式输出整数（正数不输出符号） |
| o | 以八进制无符号形式输出整数（不输出前导符0） |
| x，X | 以十六进制无符号形式输出整数（不输出前导符0x）。若用x，则输出十六进制数中的字母时用小写字母a~f；若用X，则输出十六进制数中的字母时用大写字母A~F |
| u | 以无符号十进制形式输出整数 |
| c | 以字符形式输出，只输出一个字符 |
| s | 输出字符串 |
| f | 以小数形式输出单、双精度数，隐含输出6位小数 |
| e，E | 以标准指数形式输出单、双精度数，数字部分的小数位数为6位。用e时，指数用e表示；用E时，指数用E表示 |
| g，G | 选用%f或%e格式中输出宽度较短的一种，不输出无意义的0。用G时，指数用E表示 |

表3-2 printf()的附加格式说明字符

| 字符 | 说明 |
|---|---|
| l | 表示输出的是长整型整数，可加在d、o、x、u前面 |
| m | 表示输出数据的最小宽度 |
| .n | 对实数，表示输出n位小数；对字符串，表示截取n个字符；对整数，表示至少占n位，不足则用前置0占位 |
| 0 | 表示左边补0 |
| - | 输出结果左对齐，右边填空格；缺省则输出结果右对齐，左边填空格 |
| + | 输出符号（正号或负号） |
| 空格 | 输出值为正时，冠以空格；为负时，冠以负号 |
| # | 对c、s、d、u类无影响；对o类，在输出时加前缀0；对x类，在输出时加前缀0x |

功能：在格式控制字符串的控制下，将各参数按指定格式在标准输出设备上显示或打印。格式控制字符串可包含两类内容：一类是普通字符，另一类是格式说明。普通字符只被

简单地输出在屏幕上，所有字符（包括空格）一律按照从左至右的顺序原样输出，在显示中起提示作用。

### 3.4.2 格式输入函数

scanf( )是格式输入函数，其一般调用形式为：

```
scanf("格式控制字符串",地址表列);
```

其中：格式控制字符串的含义同 printf 函数；地址表列由若干个地址组成，代表每一个变量在内存中的地址。

功能：接收从输入设备按输入格式输入的数据并存入指定的变量地址中。

scanf( )中的格式字符与 scanf( )的附加格式说明字符如表 3-3 和表 3-4 所示。

表 3-3 scanf( )中的格式字符

| 格式字符 | 说明 |
| --- | --- |
| d | 输入有符号的十进制整数 |
| o | 输入无符号的八进制整数 |
| x | 输入无符号的十六进制整数 |
| c | 输入单个字符 |
| s | 输入字符串。以非空字符开始，以第一个空格结束 |
| u | 输入无符号的十进制整数 |
| f, e, g, E, G | 以小数形式或指数形式输入单、双精度数 |

表 3-4 scanf( )的附加格式说明字符

| 字符 | 说明 |
| --- | --- |
| l | 表示输入的是长整数或双精度数据，可加在 d、o、x、f、e 前面 |
| h | 表示输入短整型数据（可用于 d、o、x） |
| m | 表示输入数据的最小宽度（列数） |
| * | 表示本输入项在读入后不赋给相应的变量 |

## 3.5 实验

### 3.5.1 输入/输出函数及格式

**【实验目的和要求】**

1）掌握 C 语言中使用最多的一种语句——赋值语句的使用。

2）掌握字符数据的输入/输出方法。

3）掌握格式输出函数 printf( )的用法。

**【实验内容】**

**1. 分析题**

1）输入并运行以下程序：

```
main()
```

```
{   int a,b;
    float d,e;
    char c1,c2;
    double f,g;
    long m,n;
    unsigned int p,q;
    a=61;
    b=62;
    c1='a';
    c2='b';
    d=3.56;
    e=-6.87;
    f=3157.890121;
    g=0.123456789;
    m=50000;
    n=-60000;
    p=32768;
    q=40000;
printf("a=%d,b=%d\nc1=%c,c2=%c\nd=%6.2f,e=%6.2f\n",a,b,c1,c2,d,e);
printf("f=%15.6f,g=%15.2f\nm=%ld,n=%ld\np=%u,q=%u\n",f,g,m,n,p,q);
}
```

对上题做以下改动：

第 1 步，将程序第 8～19 行改为：

```
a=61;
b=62;
c1=a;
c2=b;
f=3157.890121;
g=0.123456789;
d=f;
e=g;
p=a=m=50000;
q=b=n=-60000;
```

运行程序，分析结果。

第 2 步，在第 1 步的基础上，将 printf 语句改为：

```
printf("a=%d,b=%d\nc1=%c,c2=%c\n
d=%15.6f,e=%15.6f\n",a,b,c1,c2,d,e);
printf("f=%f,g=%f\n m=%d,n=%d\n p=%d,q=%d\n",f,g,m,n,p,q);
```

第 3 步，将 p、q 改用%o 格式符输出。

第 4 步，改用 scanf 函数输入数据而不用赋值语句，scanf 函数如下：

```
scanf("%d,%d,%c,%c,%f,%f,%lf,%lf,%ld,%ld,%u,%u",&a,&b,&c1,&c2,&d,&e,&f,
&g,&m,&n,&p,&q);
```

输入的数据如下：

```
61,62,a,b,3.56,-6.87,3,157.890121,0.123456789,50000,-60000,37678,40000
```

**说明：** lf% 和 ld% 格式符分别用于 double 型和 long 型数据。

分析运行结果。

2）有如下程序：

```
main()
{   int a=10;
    long int b=10;
    float x=10.0;
    double y=10.0;
    printf("a = %d, b = %ld, x = %f, y = %lf\n",a,b,x,y);
    printf("a = %ld, b = %d, x = %lf, y = %f\n",a,b,x,y);
    printf("x = %f, x = %e, x = %g\n",x,x,x);
}
```

从此题的输出结果，了解各种数据类型在内存的存储方式。

**2. 填空题**

1）输入一个球体的半径，求球体的体积。

```
__________
main()
{   double r,v;
    printf("input r:");
    scanf("______",&r);
    v=______*PI*______;
    printf(" =%.2lf\n",v);
}
```

问题：第 3 个空白处填写 4/3 是否合理，为什么？

2）任意输入一个整数 x，求它的平方根。

**提示：** 平方根函数在库函数 math.h 文件中定义，它的格式为：（double）sqrt（（double）x）。

```
__________
main()
{   int x;
    printf("Input x:");
    scanf("%d",______);
    printf("sqrt(x) =%.2lf\n",______);
}
```

3. 编程题

1）用 getchar( )函数读入两个字符给 c1、c2，然后分别用 putchar( )和 printf( )函数输出这两个字符。

2）设圆半径 r = 1.5，圆柱高 h = 3，求圆柱底面周长、底面面积、圆柱表面积和圆柱体积。

### 3.5.2 顺序结构程序设计

**【实验目的和要求】**

1）熟练掌握 scanf( )函数和 printf( )函数的用法。

2）熟悉编写顺序结构程序并运行。

3）进一步熟悉 TC 环境的使用方法。

**【实验内容】**

1. 分析题

运行下列程序，注意观察运行结果。

1）
```
#include <stdio.h>
main()
{
    char ch;
    ch = getchar();
    putchar(ch);
    printf(" ---ASCII Code:%d",ch);
}
```

2）
```
#include <stdio.h>
main()
{
   char c1,c2;
   clrscr();
   c1 = getchar();
   c2 = getchar();
   printf("c1 = \'%c\'\n",c1); /* \'的作用是输出符号“'” */
   (c2 =='\n')? printf("c2 = 回车符"):printf("c2 = \'%c\'",c2);
}
```

运行这个程序时，分别输入下面 3 组数据，注意观察各自的运行结果，并思考为什么会产生这样的运行结果。

第一组数据：

a↙

第二组数据：

ab↙

第三组数据：

```
abc↙
```

3）
```
#include <stdio.h>
main()
{   char ch,c1,c2;
    printf("please input a letter:");
    ch = getchar();
    c1 = ch - 1;
    c2 = ch + 1;
    printf("\n%c front letter is %c,back letter is %c",ch,c1,c2);
}
```

将程序中的语句：

```
ch = getchar();
```

改为：

```
ch = getch();
```

观察运行结果有什么变化？

**2. 填空题**

1）下面程序的功能是：输入一个小写字母，输出其对应的大写字母；若输入的不是小写字母，则提示输入出错。请在程序中的横线处填写正确的语句或表达式，使程序完整。上机调试程序，使运行结果与要求的结果一致。

**提示：**

- 大写字母与小写字母的ASCII码具有如下关系。

大写字母的ASCII码 = 小写字母的ASCII码 - 32

- 可以使用条件表达式来判断输入的字母是否为小写字母。如果ch为小写字母，则逻辑表达式ch >='a'&&ch <='z'为“真”。

```
#include <stdio.h>
main()
{   char ch1,ch2;
    printf("Please input a lowercase:");
    ch1 = ____________;
    ch2 = ____________;
    (______)? putchar(______):printf("Error!");
}
```

运行结果1：

```
Please input a lowercase:
b↙
B
```

运行结果 2：

```
Please input a lowercase：
#↙
Error!
```

2）下面程序的功能是：根据商品的原价和折扣率，计算商品的实际售价。请在程序中的横线处填写正确的语句或表达式，使程序完整。上机调试程序，使程序的运行结果与要求的结果一致。

```
main()
{   float cost,percent,c;
    printf("请输入商品的原价(单位：元)：");
    scanf("______",&cost);
    printf("\n 请输入折扣率：");
    scanf("______",&percent);
    c = cost * percent;
    printf("____________",c);
}
```

运行结果：

```
请输入商品的原价(单位：元)：120↙
请输入折扣率:0.85↙
实际售价为:102.00 元↙
```

### 3. 编程题

1）输入一个华氏温度 F，要求输出摄氏温度 C。公式为：

$$C = \frac{5}{9}（F - 32）$$

输出要有文字说明，取 2 位小数。

2）某幼儿园里，有 5 个小朋友编号分别为 1、2、3、4、5，他们按自己的编号顺序围坐在一张圆桌旁。他们身上都有若干个糖果，现在做一个分糖果游戏。从 1 号小朋友开始，将他的糖果均分成 3 份（如果有多余的，则他将多余的糖果吃掉），自己留一份，其余两份分给他相邻的两个小朋友。接着 2 号、3 号、4 号、5 号小朋友也这样做。问：一轮后，每个小朋友手上分别有多少糖果？

## 3.6 习题

### 一、选择题

1. 执行下列程序时：

```
#include"stdio.h"
main()
{   char c1,c2,c3,c4,c5,c6;
```

```
    scanf("%c%c%c%c",&c1,&c2,&c3,&c4);
    c5 = getchar();
    c6 = getchar();
    putchar(c1);
    putchar(c2);
    printf("%c%c\n",c5,c6);
}
```

若从键盘上输入数据：

123↙
678↙

则输出是________。

A. 1267　　B. 1256　　C. 1278　　D. 1245

2. 若k1、k2、k3、k4均为int型变量。为了将整数10赋给k1和k2，将整数20赋给k3和k4，则对应下列scanf函数调用语句的正确输入方式是________。(<CR>代表换行符，□代表空格)

```
scanf("%d%d",&kl,&k2);
scanf("%d,%d",&k3,&k4);
```

A. 1020<CR> 1020<CR>　　B. 10□20 10□20<CR>

C. 10，20<CR> 10，20<CR>　　D. 10□20<CR> 10，20<CR>

3. 以下程序不用第3个变量，就可实现将两个数进行交换的操作。

```
main()
{   int a,b;
    scanf("%d%d",&a,&b);
    printf("a=%d b=%d\n",a,b);
    a= (1) ;
    b= (2) ;
    a= (3) ;
    printf("a=%d b=%d\n",a,b);
}
```

(1) A. a+b　　B. a−b　　C. a*b　　D. a/b

(2) A. a+b　　B. a−b　　C. b−a　　D. a*b

(3) A. a+b　　B. a−b　　C. b−a　　D. a/b

4. 若k为int型变量，则以下语句________。

```
k=1234;
printf("%-06d\n",k);
```

A. 输出格式描述符不合法　　B. 输出008567

C. 输出为1234　　D. 输出为−01234

5. 若x为float型变量，则以下语句________。

```
x = 123.52631;
printf("% -4.2f\n",x);
```

A. 输出格式描述符的域宽不够，不能输出

B. 输出为123.53

C. 输出为123.52

D. 输出为 -123.52

6. 若x为double型变量，则以下语句________。

```
x = 123.52631;
printf("% -6.3e\n",x);
```

A. 输出格式描述符的域宽不够，不能输出

B. 输出为12.35e+01

C. 输出为1.24e+02

D. 输出为 -1.24e2

7. 若k为int型变量，则以下语句________。

```
k = -1234;
printf("%06d\n",k);
```

A. 输出为%06d　　B. 输出为 -001234

C. 格式描述符不合法，输出无定值　　D. 输出为 -1234

8. 若ch为char型变量，k为int型变量（已知字符a的ASCII十进制代码为97），则执行下列语句后的输出为________。

```
ch = 'a';
k = 12;
printf("%x, %o,",ch,ch,k);
printf("k = %%d\n",k);
```

A. 因变量类型与格式描述符的类型不匹配，输出无定值

B. 输出项与格式描述符个数不符，输出为0或不定值

C. 61，141，k = %d

D. 61，141，k = %12

9. 若a是float型变量，b是unsigned型变量，以下输入语句中，合法的是________。

A. scanf（"%6.2f%d"，&a，&b）;　　B. scanf（"%f%u"，&a，&b）;

C. scanf（"%f%3o"，&a，&b）;　　D. scanf（"%f%f"，&a，&b）;

10. 下面程序段的结果是________。（注：□表示空格）

```
#include <stdio.h>
main()
{   float y = 1234.4321;
    printf("% -8.4f\n",y);
    printf("%10.4f\n",y);
```

```
}
```

A. 1234.4321　　B. 1234.4321　　C. -1234.4321　　D. 1234.4321
1234.4321　　001234.4321　　001234.4321　　□1234.4321

11. 以下程序，要输出 13 a 14 b，正确的输入数据是________。（注：□表示空格）

```
#include <stdio.h>
main()
{   int a,b;
    char c,d;
    scanf("%d%c%d%c",&a,&c,&b,&d);
    printf("%d %c %d %c\n",a,c,b,d);
}
```

A. 13□a□14□b　　B. 13a□14b　　C. 13a14□b　　D. 13□a14b

12. 执行以下程序的结果是________。

```
#include <stdio.h>
main()
{   unsigned int a;
    a=65535;
    printf("%d\n",a);
}
```

A. -1　　B. 65535　　C. 1　　D. 无确定值

13. 有输入语句“scanf("a=%d,b=%d,c=%d",&a,&b,&c);”，为使变量 a 的值为 3，b 的值为 7，c 的值为 5，从键盘输入数据的正确形式是________。

A. 375<回车>　　B. 3，7，5<回车>
C. a=3，b=7，c=5<回车>　　D. a=3 b=7 c=5<回车>

14. 设 x、y 均为 float 型变量，则以下不合法的赋值语句是________。

A. ++x;　　B. y=（x%2）/10;
C. x*=y+8;　　D. x=y=0

15. 执行以下程序的结果是________。

```
main()
{   long x=-12345;
    printf("x=%-8ld\n",x);
    printf("x=%-08ld\n",x);
    printf("x=%08ld\n",x);
}
```

A. x=-12345
x=-12345
x=-00012345

B. x=-12345
x=12345
x=-00012345

C. x=-12345

D. x=-12345

x = -12345　　　　x =-0012345

x = -00012345　　　　x =00012345

16. putchar( )函数可以向终端输出一个________。

A. 整型变量表达式值　　B. 实型变量值

C. 字符串　　D. 字符或字符型变量值

17. 以下程序的输出结果是________。(注:□表示空格)

```
main()
{   printf("\n*s1=%15s*","chinabeijing");
    printf("\n*s2=%-5s*","chi");
}
```

A. *s1=chinabeijing□□□*
*s2=* *chi*

B. *s1=chinabeijing□□□*
*s2=chi□□*

C. *s1=*□□chinabeijing*
*s2=□□chi*

D. *s1=□□□chinabeijing*
*s2=chi□□*

18. printf( )函数中用到格式符%5s,其中,数字5表示输出的字符串占用5列。如果字符串长度大于5,则输出按方式________;如果字符串长度小于5,则输出按方式________。

A. 从左起输出该字串,右补空格　　B. 按原字符从左向右全部输出

C. 右对齐输出该字串,左补空格　　D. 输出错误信息

19. 已有定义"int a = -2;"和输出语句"printf ("%8lx", a);",以下正确的叙述是________。

A. 整型变量的输出格式符只有%d一种

B. %x是格式符的一种,它适用于任何一种类型的数据

C. %x是格式符的一种,其变量的值按十六进制输出,但%8lx是错误的

D. %8lx不是错误的格式符,其中数字8规定了输出字段的宽度

20. 以下C语言程序,正确的运行结果是________。(注:□表示空格)

```
main()
{   long y=23456;
    printf("y=%3x\n",y);
    printf("y=%8x\n",y);
    printf("y=%#8x\n",y);
}
```

A. y=5ba0
y=□□□□5ba0
y=□□0x5ba0

B. y=□□□5ba0
y=□□□□□□□□ 5ba0
y=□□0x5ba0

C. y=5ba0
y=5ba0
y=0xba0

D. y=5ba0
y=□□□□5ba0
y=###5ba0

21. 已有如下定义和输入语句,若要求a1、a2、c1和c2的值分别为10、20、A和B,

当从第一列开始输入数据时，正确的数据输入方式是________。（注：□ 表示空格，<CR>表示回车）

```
int a1,a2;
char c1,c2;
scanf("%d%c%d%c",&a1,&c1,&a2,&c2);
```

A. 10A□20B<CR>　　B. 10□A□20□B<CR>

C. 10A20B<CR>　　D. 10A20□B<CR>

22. 已有定义“int x; floaty;”，且执行“scanf ("%3d%", &x, &y);”语句时，从第一列开始输入数据12345□678 <回车>，则x的值为___(1)___，y的值为___(2)___。（注：□ 表示空格）

(1) A. 12345　B. 123　C. 45　D. 345

(2) A. 无定值　B. 45.000000　C. 678.000000　D. 123.000000

23. 已有如下定义和输入语句，若要求a1、a2、c1和c2的值分别为10、20、A和B，当从第一列开始输入数据时，正确的数据输入方式是________。（注：<CR>表示回车）

```
int a1,a2;
char c1,c2;
scanf("%d%d",&a1,&a2);
scanf("%c%c",&c1,&c2);
```

A. 1020AB<CR>　　B. 10□20<CR> AB<CR>

C. 10□□20□□AB<CR>　　D. 10□20AB<CR>

24. 根据数据和定义的输入方式，输入语句的正确形式为________。

已有定义：float f1, f2;

数据的输入方式：4.52

　　　　　　　　3.5

A. scanf ("%f,%f", &f1, &f2);

B. scanf ("%f%f", &f1, &f2);

C. scanf ("%3.2f %2.1f", &f1, &f2);

D. scanf ("%3.2f%2.1f", &f1, &f2);

25. 阅读以下程序，当输入数据的形式为：25，13，10<CR>。正确的输出结果为________。

```
main()
{   int x,y,z;
    scanf("%d%d%d",&x,&y,&z);
    printf("x+y+z=%d\n",x+y+z);
}
```

A. x+y+z=48　B. x+y+z=35　C. x+z=35　D. 不确定值

26. 根据题目中已给出的数据输入和输出形式，程序中输入输出语句的正确内容是________。

```
main( )
{ int x; float y;
  printf(" enter x,y");
  输入语句
  输出语句
}
```

输入形式　enter x，y：2 3.4

输出形式　x + y = 5.40

A. scanf（"%d,%f"，&x，&y）;
   printf("\nx + y = %4.2f";x + y);

B. scanf（"%d%f"，&x，&y）;
   printf("\nx + y = %4.2f",x + y);

C. scanf("%d%f",&x,&y);
   printf("\nx + y = %6.1f",x + y);

D. scanf("%d%3.1f",&x,&y);
   printf("\nx + y = %4.2f",x + y);

27. 根据题目中已给出数据的输入和输出形式，程序中输入语句的正确内容是________。

```
main( )
{   char ch1,ch2,ch3;
    输入语句
    printf("%c%c%c",ch1,ch2,ch3);
}
```

输入形式：ABC

输出形式：ABC

A. scanf（"%c%c%c"，&ch1，&ch2，&ch3）;

B. scanf（"%c,%c,%c"，&ch1，&ch2，&ch3）;

C. scanf（"%c %c %c"，&ch1，&ch2，&ch3）;

D. scanf（"%c%c"，&ch1，&ch2，&ch3）;

28. 有输入语句“scanf("a = %d,b = %d,c = %d",&a,&b,&c);”，为使变量 a 的值为 1，b 为 3，c 为 2，从键盘输入数据的正确形式应当是________。（注：□ 表示空格）

A. 132 <回车>　　B. 1，3，2 <回车>

C. a = 1□b = 3□c = 2 <回车>　　D. a = 1，b = 3，c = 2 <回车>

29. 以下能正确地定义整型变量 a、b 和 c，并为其赋初值 5 的语句是________。

A. int a = b = c = 5;　　B. int a，b，c = 5;

C. a = 5，b = 5，c = 5;　　D. a = b = c = 5;

30. 已知 ch 是字符型变量，下面不正确的赋值语句是________。

A. ch = 'a + b'　　B. ch = '\0';　　C. ch = '7' +'9';　　D. ch = 5 +9;

31. 已知 ch 是字符型变量，下面正确的赋值语句是________。

A. ch ='123';　　B. ch = '\xff';　　C. ch = '\08';　　D. ch = "\";

32. 有以下定义，则正确的赋值语句是________。

```
int a,b;
```

float x;

A. a = 1, b = 2;　　B. b ++ ;　　C. a = b = 5;　　D. b = int (x);

33. 设x、y均为float型变量，则以下不合法的赋值语句是________。

A. ++x;　　B. y = (x%2)/10;

C. x * = y + 8;　　D. x = y = 0;

34. 设x、y和z均为int型变量，则执行语句“x = (y = (z = 10) + 5) - 5;”后，x、y和z的值是________。

A. x = 10　y = 15　z = 10

B. x = 10　y = 10　z = 10

C. x = 10　y = 10　z = 15

D. x = 10　y = 5　z = 10

35. 设有说明“double y = 0.5, z = 1.5; int x = 10;”，则能够正确使用C语言库函数的赋值语句是________。

A. z = exp(y) + fabs(x);

B. y = log10(y) + pow(y);

C. z = sqrt(y - z);

D. x = (int) (atan2((double)x, y) + exp(y - 0.2));

## 二、填空题

1. 有如下程序，要求输入a的值为1，c的值为12.34，从键盘输入数据的具体格式是________，程序运行后的结果是________。

```
main()
{   int a;
    float b;
    scanf("a = %d,b = %f",&a,&b);
    printf("a = %d,b = %f\n",a,b);
}
```

2. 有以下程序，假如运行时从键盘输入大写字母A，程序运行后输出________。

```
#include <stdio.h>
main()
{   char c;
    putchar(getchar() + 32);
}
```

3. 已有定义“int a; float b, c; char c1, c2;”，为使a = 1，b = 1.5，c = 12.3，c1 = 'A', c2 = 'a'，正确的scanf()函数调用语句是________，输入数据的方式为________。

4. 若定义“int a, b;”，以下语句可以不借助任何变量把a，b中的值进行交换。请填空。

a + = ________; b = a - ________; a - = ________;

5. 若x为int型变量，则执行以下语句后，x的值是________。

x = 7;

```
x+=x-=x+x;
```

6. 若 a 和 b 均为 int 型变量，则以下语句的功能是 ________。

```
a+=b;
b=a-b;
a-=b;
```

7. 若定义“float k;”，执行“scanf ("%d", k);”后，k 得不到正确数值的原因是 ________ 和 ________。

8. 执行以下程序时，若从第一列开始输入数据，为使变量 a=3，b=7，x=8.5，y=71.82，c1='A'，c2='a'，正确的数据输入形式是 ________。

```
main()
{   int a,b;
    float x,y;
    char c1,c2;
    scanf("a=%d b=%d",&a,&b);
    scanf("x=%f y=%f",&x,&y);
    scanf("c1=%c c2=%c",&c1,&c2);
    printf("a=%d,b=%d,x=%f,y=%f,c1=%c,c2=%c",a,b,x,y,c1,c2);
}
```

### 三、分析题

1. 以下程序的输出结果是 ________。

```
main()
{   int a=4,b=5;
    float c=1.5,d=123.789,e=456.12;
    printf("a=%5d,b=%-10d,c=%6.2f,d=%6.2f,e=%10.2f\n",a,b,c,d,e);
}
```

2. 以下程序的输出结果是 ________。

```
main()
{   int m,n;
    unsigned int u1,u2;
    u1=65535;u2=10000;
    m=u1;
    n=u2;
    printf("ul=%u,u2=%u\nm=%d,n=%d\n",u1,u2,m,n);
}
```

3. 以下程序中，第二个“%”的作用是 ________，程序运行的结果是 ________。

```
main()
{   float a;
    a=50/30;
```

```
    printf("%f%%",a);
}
```

4. 以下程序的输出结果是 ________。

```
main()
{   int n;
    n = -31;
    printf("\ndecimal = %d,hex = %x,octal = %o,unsigned = %u\n",n,n,n,n);
}
```

5. 阅读以下程序，当输入数据的形式为 12 13 14 <回车>时，正确的输出结果为 ________。

```
main()
{   int x,y,z;
    scanf("%d%d%d",&x,&y,&z);
    printf("x + y + z = %d\n",x + y + z);
}
```

6. 以下程序的输出结果是 ________。

```
main()
{   short i;
    i = -4;
    printf("\ni:dec = %d,oct = %o,hex = %x,unsigned = %u\n",i,i,i,i);
}
```

7. 以下程序的输出结果是 ________。

```
main()
{   printf(" * %f,%4.3f * \n",3.14,3.1415);
}
```

8. 以下程序的输出结果是 ________。

```
main()
{   char c ='x';
    printf("c:dec = %d,oct = %o,hex = %x,ASCII = %c\n",c,c,c,c);
}
```

9. 已有定义“int d = -2;”，执行以下语句后的输出结果是 ________。

```
printf(" * d(1) = %d * d(2) = %3d * d(3) = % -3d * \n",d,d,d);
printf(" * d(4) = %o * d(5) = %7o * d(6) = % -7o * \n",d,d,d);
```

10. 以下 printf 语句中，“-”的作用是________，该程序的输出结果是________。

```
#include <stdio.h>
main()
{   int x = 12;
```

```
        double a = 3.1415926;
        printf("%6d##\n",x);
        printf("%-6d##\n",x);
        printf("%14.10lf##\n",a);
        printf("%-14.10lf##\n",a);
    }
```

11. 以下程序的输出结果是 ________。

```
#include <stdio.h>
main()
{   int a = 352;
    double x = 3.1415926;
    printf("a=%+06d x=%+e\n",a,x);
}
```

12. 以下程序的输出结果是 ________。

```
#include <stdio.h>
main()
{   int a = 252;
    printf("a=%o a=%#o\n",a,a);
    printf("a=%x a=%#x\n",a,a);
}
```

**四、编程题**

1. 字符数据 'b'、'o'、'y'的输出。
2. 单个字符的输入和输出。
3. 多个字符的输入和输出。
4. 输入一个小写字母，按大写输出。
5. 若a=3，b=4，c=5，x=1.2，y=2.4，z=-3.6，u=51274，n=128765，c1=\'a\'，c2=\'b\'。想得到以下输出格式和结果，请写出程序（包括定义变量类型和设计输出）。

```
a=□3□□b=□4□□c=□5
x=1.200000,y=2.400000,z=-3.600000
x+y=□3.600□□y+z=-1.20□□z+x=-2.40
c1='a'□or□97(ASCII)
c2='b'□or□98(ASCII)
```

6. 输入三角形的3条边长，求三角形的面积。假设输入的3边能构成三角形。

三角形面积的计算公式如下：

$s=(a+b+c)/2$

$area=\sqrt{s(s(s-a)(s-b)(s-c)}$

7. 输入任意3个整数，求它们的和及平均值。
8. 求方程 $ax^2+bx+c=0$ 的根，数据由键盘输入，设 $b^2-4ac>0$。

# 第4章　选择结构程序设计

本章主要介绍选择结构程序设计的方法及其在 C 语言中的实现。掌握 if 语句的执行和使用，能够用 if 语句实现选择结构。掌握 switch 语句的执行和使用，能够用 switch 语句实现多分支选择结构，并了解使用 break 语句的用法。掌握选择结构嵌套的执行。本章的重点和难点是 if 语句的嵌套使用及应用选择分支结构实现相应算法。

本章知识体系结构：

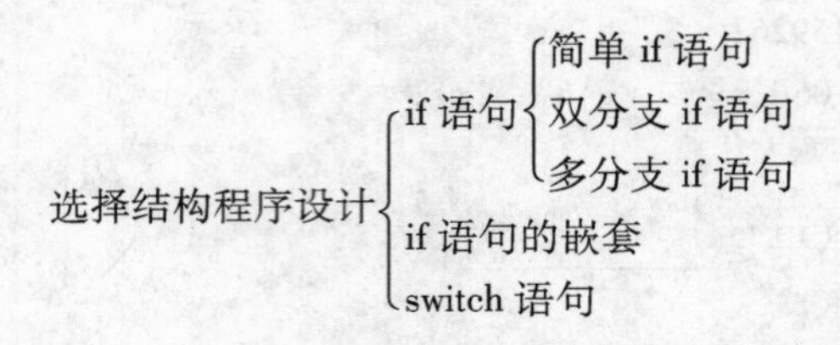


重点：if... else 语句、if 语句的嵌套使用、switch 多分支选择语句的使用及选择结构的常用算法。

难点：if 语句的嵌套使用和应用选择结构的常用算法及实现。

## 4.1　if 语句

本节主要介绍 if 语句的 3 种构成形式及执行过程，通过例题说明如何使用 if 语句。

用 if 语句可以构成分支结构。它根据给定的条件进行判断，以决定执行某个分支程序段。C 语言提供了 3 种形式的 if 语句。

### 4.1.1　简单 if 语句

if 语句的简单形式有时也称为单分支结构，它的形式如下：

```
if(表达式)语句
```

if 语句用来判断给定的条件是否满足，根据结果（真或假）来选择执行相应的语句。它的执行过程是：如果表达式为“真”（非 0），则执行其后所跟的语句，否则不执行该语句。这里的语句可以是一条语句，也可以是复合语句。

单分支 if 语句的执行过程如图 4-1 所示。

### 4.1.2　双分支 if 语句

if... else 型分支有时也称为双分支结构，它的形式如下：

```
if(表达式)
    语句 1
else
```

语句 2

它的执行过程是：如果表达式的值为“真”（非 0），就执行语句 1，否则执行语句 2。这里的语句 1 和语句 2 可以是一条语句，也可以是复合语句。双分支 if 语句的执行过程如图 4-2 所示。

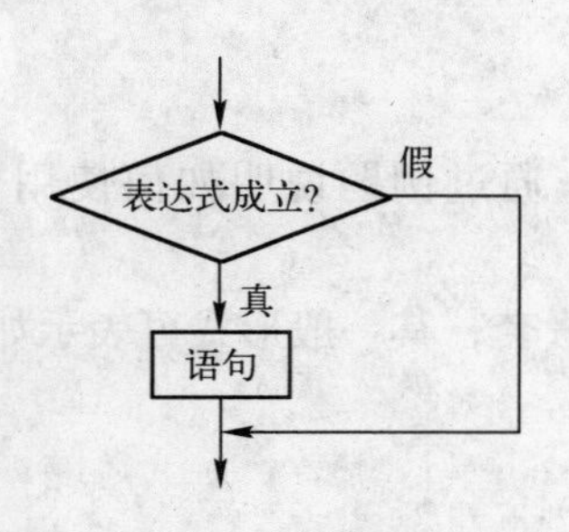


图 4-1　单分支 if 语句的执行过程

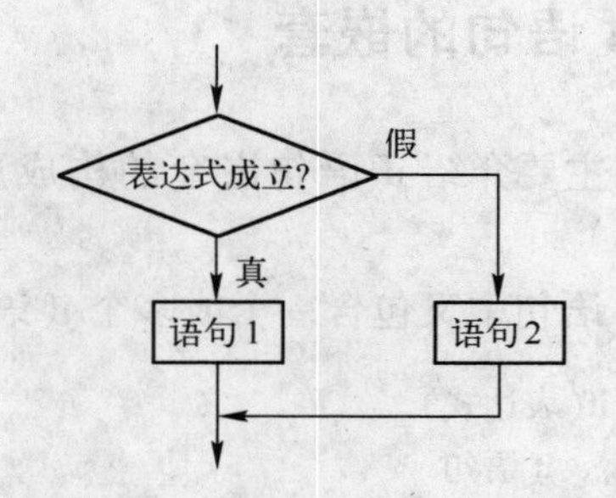


图 4-2　双分支 if 语句的执行过程

### 4.1.3　多分支 if 语句

if... else... if 形式是条件分支嵌套的一种特殊形式，经常用于多分支处理。它的一般形式为：

```
if(表达式 1)
    语句 1
else if(表达式 2)
    语句 2
    …
    else if(表达式 n)
            语句 n
    else
          语句 n + 1
```

它的执行过程是：若表达式 1 为“真”，则执行语句 1；否则，若表达式 2 为“真”，则执行语句 2；…；否则，若表达式 n 为“真”，则执行语句 n；若 n 个表达式都不为“真”，则执行语句 n + 1。if... else... if 形式的处理过程如图 4-3 所示。

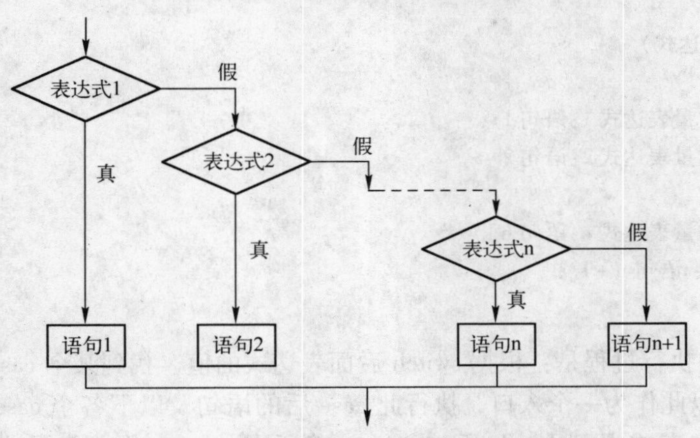


图 4-3　if... else... if 形式的处理过程

### 4.1.4 if语句使用说明

关于 if 语句的使用说明，详见主教材相应章节，在此不再赘述。

## 4.2 if语句的嵌套

本节主要介绍 if 语句嵌套的构成形式及执行过程，通过例题说明如何使用 if 语句的嵌套。

在 if 语句中又包含一个或多个 if 语句称为 if 语句的嵌套，其一般形式可表示如下：

```
if(表达式)
    if语句
```

或者为：

```
if(表达式)
    if语句
else
    if语句
```

在嵌套内的 if 语句可能又是 if...else 型的，这将会出现多个 if 和多个 else 重叠的情况。这时，要特别注意 if 和 else 的配对问题。为了避免这种二义性，C 语言规定，else 总是与它前面最近的 if 配对。

最好使内嵌 if 语句也包含 else 部分，这样 if 的数目和 else 的数目相同，从内层到外层一一对应，不致出错。如果 if 与 else 的数目不一样，应尽量把嵌套的部分放在否定的部分。或者为了实现程序设计者的构想，可以加大括号来确定配对关系。

## 4.3 多分支结构

本节主要介绍 switch 语句的构成形式及执行过程，通过例题说明如何使用 switch 语句。

switch 语句的一般形式如下：

```
switch(表达式)
{
    case 常量表达式 1:语句 1
    case 常量表达式 2:语句 2
    …
    case 常量表达式 n:语句 n
    default: 语句 n+1
}
```

switch 语句的执行过程是：根据 switch 后面表达式的值，找到某个 case 后的常量表达式与之相等时，就以此作为一个入口，执行此 case 后的语句及以下各个 case 或 default 后的语句，直到 switch 结束或遇到 break 语句为止。若所有的 case 中，常量表达式的值都不与

switch 后表达式的值匹配，则执行 default 语句。switch 选择结构如图 4-4 所示。

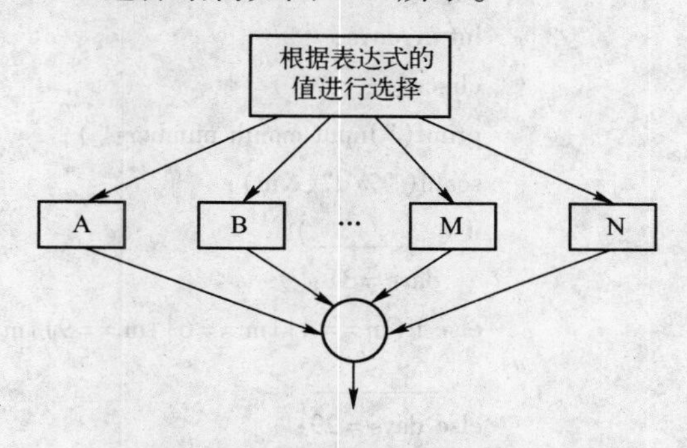


图 4-4　switch 选择结构

## 4.4　实验

### 4.4.1　if 语句

**【实验目的和要求】**

1）熟练掌握 if 语句的 3 种形式。

2）进一步熟悉关系表达式和逻辑表达式。

**【实验内容】**

**1. 分析题**

1）分析下列程序。

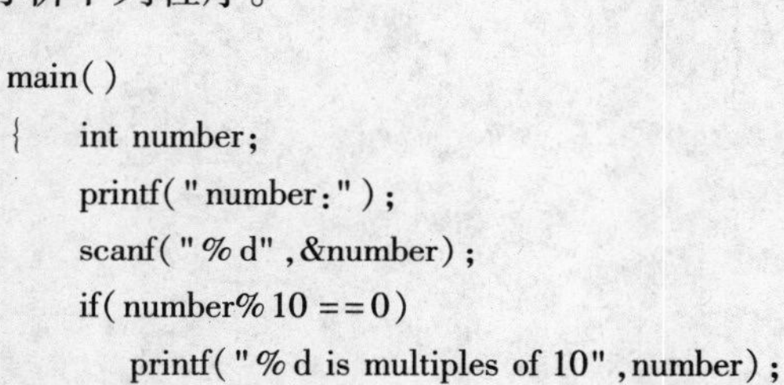

```
main( )
{     int number;
      printf( " number:" ) ;
      scanf( "%d" ,&number) ;
      if( number%10 ==0)
          printf( "%d is multiples of 10" ,number) ;
}
```

运行这个程序时，分别输入下面两个测试数据，注意观察各自的运行结果。

数据一：

300↙

数据二：

27↙

2）分析下列程序。

```
main( )
{     int number;
      printf( " number =" ) ;
      scanf( "%d" ,&number) ;
      if( number >0)
         printf( "%d is positive number" ,number) ;
      else if( number ==0)
         printf( "%d is zero" ,number) ;
      else printf( ":%d is negative number" ,number) ;
}
```

**2. 填空题**

下面程序的功能是：输入月份，输出该月有多少天（假设不考虑闰年的情况）。请在横线处填写正确的表达式或语句，使程序完整。

```
main()
{   int m,days;
    clrscr();
    printf("Input month number:");
    scanf("%d",&m);
    if (________)
        days = 31;
    else if(m==4||m==6||m==9||m==11)
        ________;
    else days = 29;
    printf("________",m,days);
}
```

运行结果一：

```
Input month number:1↙
31 days
```

运行结果二：

```
Input month number:9
30 days
```

**3. 编程题**

1）输入一个整数，判断其是奇数还是偶数，并输出。

2）有 3 个整数 a、b、c，由键盘输入，输出其中最大的数。

### 4.4.2 多分支选择语句

**【实验目的和要求】**

1）熟练掌握 switch 语句的功能、使用格式和执行过程。

2）能用 switch 语句实现简单的菜单功能。

3）熟练掌握 if 语句和 switch 语句。

**【实验内容】**

**1. 分析题**

运行下列程序，分析并观察运行结果。要求自行设计几组有代表性的输入数据，这些输入数据能分别覆盖程序中的各条分支。

```
main()
{   int n;
    scanf("%d",&n);
    switch(n)
    {   case 1:printf("*"); break;
        case 2:printf("**"); break;
        case 3:printf("***"); break;
```

```
    }
}
```

### 2. 填空题

输入一个不大于4位的正整数，判断它是几位数，然后输出各位之积。

```
main ________
{   int x,a,b,c,d,n;
    printf("请输入一个不大于4位的正整数x:");
    scanf("%d",&x);
    if(x > ________)
        n=4;
    if(x > ________)
        n=3;
    if(x > ________)
        n=2;
    else
        n=1;
    a=x/1000;                    /* x的个、十、百、千位分别用d、c、b、a表示 */
    b= ________;
    c= ________;
    d= ________;
    switch(________)
    {   case 4:printf("%d*%d*%d*%d=%d\n",a,b,c,d,a*b*d*c); ________;
        case 3: ________; ________;
        case 2: ________; ________;
        case 1: ________; ________;
    }
}
```

### 3. 编程题

1）输入4个数，要求按由小到大的顺序输出。

2）运输公司对用户计算运费。路程（s）越远，每千米运费越低。

标准如下：

| | |
|---|---|
| $s<500km$ | 没有折扣 |
| $500\leqslant s<1500$ | 1%折扣 |
| $1500\leqslant s<2500$ | 3%折扣 |
| $2500\leqslant s<3500$ | 5%折扣 |
| $3500\leqslant s<4500$ | 8%折扣 |
| $4500\leqslant s$ | 10%折扣 |

设每千米每吨货物的基本运费为p，货物重为W，距离为s，折扣为d，则总运费f的计算公式为$f=p\times W\times s\times(1-d)$。

**分析：**此题折扣的变化是有规律的，折扣的“变化点”都是500的倍数（500、1500、

2500、3500 和 4500）。可以通过 s/500 把距离映射成几个值，再利用 switch 语句实现。

## 4.5 习题

### 一、选择题

1. 在嵌套的 if 语句中，else 应与________。

A. 第一个 if 语句配对　　B. 它上面最近且未曾配对的 if 语句配对

C. 它上面最近的 if 语句配对　　D. 占有相同列位置的 if 语句配对

2. 以下正确的 if 语句是________。

A.
```
if (a>b);
    printf ("%d,%d", a , b);
else
printf ("%d,%d", b, a);
```

B.
```
if (a>b)
    temp=a; a=b; b=temp;
printf ("%d,%d", a , b);
else
printf ("%d,%d", b, a);
```

C.
```
if (a>b)
{   temp=a; a=b; b=temp;
    printf ("%d,%d", a, b);};
else
    printf ("%d,%d", b, a);
```

D.
```
if (a>b)
{   temp=a; a=b; b=temp;
    printf ("%d,%d", a , b);}
else
printf ("%d,%d", b, a);
```

3. 以下程序的输出结果是________。

```
main()
{   int a= 2,b= -1,c=2;
    if(a<b)
       if(b<1)c=0;
    else c+=1;
       printf("%d\n",c);}
```

A. 3　　B. 2　　C. 1　　D. 0

4. 以下程序的运行结果是________。

```
#include <stdio.h>
main()
{   int a,b,c=119;
    a=c/100%9;
    b=(-1)&&0;
    printf("%d,%d\n",a,b);
}
```

A. 9，1　　B. 1，1　　C. 9，0　　D. 1，0

5. 以下有关 switch 语句，描述不正确的是________。

A. 每一个 case 常量表达式的值必须互不相同

B. case 常量表达式只起语句标号作用

C. 无论如何，default 后面的语句都要执行一次

D. break 语句的使用是根据程序的需要

6. 若定义“char class ='3';”，则以下程序片段执行后的结果是________。

```
switch(class)
{   case '1':printf("First\n");
    case '2':printf("Second\n");
    case '3':prmtf("Third\n);break;
    case '4':printf("Fourth\n");
    default:printf("Error\n");
}
```

A. Third　　B. Error　　C. Fourth　　D. Second

7. 阅读下列程序。

```
#include <stdio.h>
main()
{   float x,y;
    scanf("%f",&x);
    if(x<0)
        y=1.0;
    else if(x>1.0)
        y=2.0;
    if(x>=2.0)
        y=3.0;
    else
        y=6.0;
    printf("%f\n",y);
}
```

当程序执行时，输入 0.8，则输出的 y 值为________。

A. 1.000000　　B. 2.000000　　C. 6.000000　　D. 3.000000

8. 阅读下列程序，程序的运行结果是________。

```
#include <stdio.h>
main()
{   int m=5;
    if(m++ >5)
        printf("%d\n",m);
    else
        printf("%d\n",m++);
}
```

A. 7　　B. 6　　C. 5　　D. 4

9. 若 a、b、c、d、e、f 均是整型变量，正确的 switch 语句是________。

A. switch (a + b);

```
{    case 1: c = a + b; break;
     case 0: c = a - b; break;
}
```

B. switch (a + b)

```
{    case 2:
         case 1: d = a + b; break;
       case 2: c = a - b;
}
```

C. switch (a + b)

```
{    default: e = a * b; break;
     case 1: c = a + b; break;
     case 0: c = a - b; break;
}
```

D. switch a

```
{    case c: e = a * b; break;
     case d: f = a + b; break;
       default: e = a - b;
}
```

10. 对下述程序，正确的判断是________。

```
#include < stdio. h >
main( )
{    int x,y;
     x = 3;y = 4;
     if(x > y)
          x = y;
          y = x;
     else
          x ++ ;
          y ++ ;
     printf( "%d,%d" ,x,y);
}
```

A. 有语法错误，不能通过编译

B. 若输入数据 3 和 4，则输出 4 和 5

C. 若输入数据 4 和 3，则输出 3 和 4

D. 若输入数据 4 和 3，则输出 4 和 4

11. 下面程序的输出结果是________。

```
#include < stdio. h >
main( )
{    int x = 100,a = 20,b = 10,v1 = 5,v2 = 0;
     if(a < b)
        if(b! = 15)
          if(! v1)
            x = 1;
          else
            if(v2)
              x = 10;
            x = -1;
          printf( "%d" ,x);
}
```

A. 100　　B. -1　　C. 1　　D. 10

12. 请阅读以下程序：

```
main()
{   int a = 5, b = 0, c = 0;
    if(a = b + c) printf(" *  *  * \n");
    else printf(" $  $  $ \n");
}
```

以上程序________。

A. 有语法错误，不能通过编译　　B. 可以通过编译，但不能通过连接

C. 输出 *  *  *　　D. 输出 $  $  $

13. 以下程序的运行结果是________。

```
main()
{   int m = 5;
    if(m ++ > 5)
        printf("%d\n", m);
    else printf("%d\n", m --);
}
```

A. 4　　B. 5　　C. 6　　D. 7

14. 当 a = 1，b = 3，c = 5，d = 4 时，执行完下面一段程序后，x 的值是________。

```
if(a < b)
  if(c < d) x = 1;
  else
    if(a < c)
      if(b < d) x = 2;
      else x = 3;
    else x = 6;
else c = 7;
```

A. 1　　B. 2　　C. 3　　D. 6

15. 以下程序的输出结果是________。

```
main()
{   int a = 100, x = 10, y = 20, ok1 = 5, ok2 = 0;
    if(x < y)
        if(y! = 10)
            if(! ok1)
                a = 1;
            else
                if(ok2) a = 10;
    a = -1;
    printf("%d\n", a);
}
```

A. 1　　B. 0　　C. -1　　D. 值不确定

16. 以下程序的输出结果是________。

```
main()
{   int x=2,y=-1,z=2;
    if(x<y)
        if(y<0) z=0;
    else z+=1;
    printf("%d\n",z);
}
```

A. 3　　B. 2　　C. 1　　D. 0

17. 为了避免在嵌套的条件语句 if...else 中产生二义性，C 语言规定：else 子句总是与________配对。

A. 缩排位置相同的 if　　B. 其之前最近的 if

C. 其之后最近的 if　　D. 同一行上的 if

18. 以下不正确的语句为________。

A. if (x>y);

B. if (x=y) && (x!=0) x+=y;

C. if (x!=y) scanf ("%d", &x); else scanf ("%d", &y);

D. if (x<y) {x++; y++;}

## 二、填空题

1. C 语言中，逻辑值“真”是用________表示的，逻辑值“假”是用________表示的。逻辑表达式值为“真”是用________表示的，逻辑表达式值为“假”是用________表示的。

2. 写出下面各逻辑表达式的值。设 a=3，b=4，c=5。

(1) a+b>c&&b==c

(2) a||b+c&&b-c

(3) ! (a>b)&&! c||1

(4) ! (x=a)&&(y=b)&&0

(5) ! (a+b)+c-1&&b+c/2

3. 以下程序实现输出 x、y、z 3 个数中的最大者。请在横线处填入正确内容。

```
main()
{   int x=4,y=6,z=7;
    int ______;
    if(______)
        u=x;
    else u=y;
    if(______)
        v=u;
    else v=z;
    printf("v=%d",v);
}
```

4. 以下程序实现：输入 3 个数，按从大到小的顺序进行输出。请在横线处填入正确内容。

```
main()
{   int x,y,z,c;
    scanf("%d %d %d",&x,&y,&z);
    if(______)
    {   c=y;
        y=z;
        z=c;
    }
    if(______)
    {   c=x;
        x=z;
        z=c;
    }
    if(______)
    {   c=x;
        x=y;
        y=c;
    }
    printf("%d,%d,%d",x,y,z);
}
```

5. 以下程序对输入的两个整数，按从大到小的顺序输出。请在横线处内填入正确内容。

```
main()
{   int x,y,z;
    scanf("%d,%d",&x,&y);
    if(______)
    {   z=x;
        ______
    }
    printf("%d,%d",x,y);
}
```

6. 以下程序对输入的一个小写字母，将字母循环后移 5 个位置再输出。如 'a'变成 'f'，'w'变成 'b'。请在横线处填入正确内容。

```
#include <stdio.h>
main()
{   char c;
    c=getchar();
    if(c>='a'&&c<='u')
```

```
        ______;
    else if (c>='v'&&c<='z')
        ______;
    putchar(c);
}
```

7. 以下程序的功能是判断输入的年份是否为闰年。请在横线处填入正确内容。

```
main()
{   int y,f;
    scanf("%d",&y);
    if(y%400==0)
        f=1;
    else if(______)
        f=1;
    else ______;
    if(f)
        printf("%d is",y);
    else printf("%d is not",y);
    printf("a leap year\n");
}
```

8. 有 a、b、c、d 4 个数，要求按从大到小的顺序输出。请在横线处填入正确内容。

```
main()
{   int a,b,c,d,t;
    scanf("%d %d %d %d",&a,&b,&c,&d);
    if(a<b)
    {   t=a;
        a=b;
        b=t;
    }
    if(______)
    {   t=a;
        a=d;
        d=t;
    }
    if(a<c)
    {   t=a;
        a=c;
        c=t;
    }
    if(______)
    {   t=b;
        b=c;
```

```
        c = t;
    }
    if(b < d)
    {   t = b;
        b = d;
        d = t;
    }
    if(c < d)
    {   t = c;
        c = d;
        d = t;
    }
    printf("%d %d %d %d\n",a,b,c,d);
}
```

## 三、分析程序题

1. 下列程序的运行结果是 ________。

```
#include <stdio.h>
main()
{   int a = 1,b = 3,c = 5;
    switch(a == 1)
    {   case 1:switch(b <0)
               {   case 1:printf("A");break;
                   case 2:printf("B");break;
               }
        case 0: switch(c == 2 * a + b)
            {   case 0:printf("C");break;
                case 1:printf("D");break;
                default : printf("E");break;
            }
    default: printf("F");
    }
}
```

2. 下列程序的运行结果是 ________。

```
main()
{   int x = 100,a = 20,b = 10,c = 5,d = 0;
    if(a < b)
        if(b! = 15)
            x = 15;
    else if(d)
            x = 100;
    x = -10;
```

```
    printf("%d",x);
}
```

3. 下列程序的运行结果是 ________。

```
main()
{   int i,j;
    i=j=5;
    if(i==3)
      if(i==5)
        printf("%d",i+j);
      else printf("%d",i=i-j);
    printf("%d",i);
}
```

4. 下列程序的运行结果是 ________。

```
main()
{   int x=1,y=10,a=10,b=10;
    switch(x)
    {   case 1:switch(y)
              {   case 0:a++;break;
                  case 1:b++;break;
              }
        case 2:{a++;b++;break;}
        case 3:{a++;b++;}
    }
    printf("a=%d,b=%d",a,b);
}
```

5. 阅读下列程序：

```
#include <stdio.h>
main()
{   float x,y;
    scanf("%f",&x);
    if(x<1.0)
      y=0.0;
    else if(x<10)
        y=3.0/(x+1.0);
    else if(x<20)
        y=1.0/x;
    else y=20.0;
    printf("%f\n",y);
}
```

当程序执行时输入 10.0，则输出的 y 值为 ________。

6. 下列程序的运行结果是 ________。

```
main()
{   if(2*2==5<2*2==4)
        printf("T");
    else
        printf("F");
}
```

7. 下列程序的运行结果是 ________。

```
main()
{   int a,b,c,d,x;
    a=c=0;
    b=1;
    d=20;
    if(a)
        d=d-10;
    else if(!b)
        if(!c)
          x=15;
        else x=25;
    printf("%d\n",d);
}
```

8. 下列程序的运行结果是 ________。

```
#include <stdio.h>
void main(void)
{   int x,y=1,z;
    if(y!=0)
        x=5;
    printf("\t%d\n",x);
    if(y==0)
        x=4;
    else
        x=5;
    printf("\t%d\n",x);
    x=1;
    if(y<0)
        if(y>0)
            x=4;
        else x=5;
    printf("\t%d\n",x);
}
```

9. 下列程序的运行结果是 ________。

```
main()
{   int a=2,b=3,c;
    c=a;
    if(a>b)
        c=1;
    else if(a==b)
        c=0;
    else c=-1;
    printf("%d\n",c);
}
```

10. 若运行时输入3 5/ <回车>，则以下程序的运行结果是 ________。

```
main()
{   float x,y;
    char o;
    double r;
    scanf("%f %f %c",&x,&y,&o);
    switch(o)
    {   case '+': r=x+y; break;
        case '-': r=x-y; break;
        case '*': r=x*y; break;
        case '/': r=x/y; break;
    }
    printf("%f",r);
}
```

11. 设有以下程序片段。若grade的值为'C'，则输出结果是 ________。

```
switch(grade)
{   case 'A':printf("85-100\n");
    case 'B':printf("70-84\n");
    case 'C':printf("60-69\n");
    case 'D':printf("<60\n");
    default:printf("error! \n");
}
```

12. 下列程序的运行结果是 ________。

```
main()
{   int x=1,y=0;
    switch(x)
    {   case 1:
        switch(y)
```

```
        {   case 0:printf("**1**\n"); break;
            case 1:printf("**2**\n"); break;
        }
        case 2:printf("**3**\n");
    }
}
```

13. 下列程序的运行结果是 ________。

```
main()
{   int a=2,b=7,c=5;
    switch(a>0)
    {   case 1: switch(b<0)
                {   case 1:printf("@"); break;
                    case 2:printf("!"); break;
                }
        case 0: switch(c==5)
        {   case 0:printf("*");break;
            case 1:printf("#");break;
            default:printf("#");break;
        }
    default: printf("&");
    } printf("\n");
}
```

14. 下列程序的运行结果是 ________。

```
#include <stdio.h>
main()
{   int x=1,y=0,a=0,b=0;
    switch(x)
    {   case 1:
            switch(y)
            {   case 0:a++;break;
                case 1:b++;break;
            }
        case 2:
        {   a++;b++;break;
        }
    }
    printf("a=%d,b=%d",a,b);
}
```

## 四、编程题

1. 有一个函数如下：

$$y=\begin{cases}x-1 & (x<10)\\ x^2-9 & (10\leqslant x<25)\\ x^2+9 & (x\geqslant 25)\end{cases}$$

编写程序，实现此函数的功能，输入 x，输出 y 值。

2. 企业发放的奖金根据利润提成。利润 k 低于或等于 10 万元的，奖金可提 10%；利润高于 10 万元，低于 20 万元（$100000<k\leqslant 200000$）时，低于 10 万元的部分按 10% 提成，高于 10 万元的部分可提成 7.5%；$200000<k\leqslant 400000$ 时，低于 20 万的部分仍按上述办法提成(下同)，高于 20 万元的部分按 5% 提成；$400000<k\leqslant 600000$ 时，高于 40 万元的部分按 3% 提成；$600000<k\leqslant 1000000$ 时，高于 60 万的部分按 1.5% 提成；$k>1000000$ 时，超过 100 万元的部分按 1% 提成。从键盘输入当月利润 $k$，求应发奖金总数。

要求：(1) 用 if 语句编写程序；(2) 用 switch 语句编写程序。

3. 输入一个 4 位的整数，要求逆序输出（4582 变为 2854）。

4. 输入某年某月某日，判断这一天是这一年的第几天。

5. 打印成绩：成绩大于或等于 60 分为“Pass”，否则为“Fail”。

6. 输入一个字符，请判断是字母、数字，还是特殊字符。

7. 有如下一个函数：

$$y=\begin{cases}x & (x<1)\\ 2x-1 & (1\leqslant x<10)\\ 3x+11 & (x\geqslant 10)\end{cases}$$

编写程序，输入 x 值，输出 y 值。

# 第5章　循环结构程序设计

本章主要介绍循环结构程序的设计方法及其在C语言中的实现。通过本章的学习，能够熟练掌握for语句、while语句、continue语句和break语句的使用，能够分析循环结构的程序。掌握典型的循环结构算法，利用以上语句实现循环结构程序设计。

本章知识体系结构：

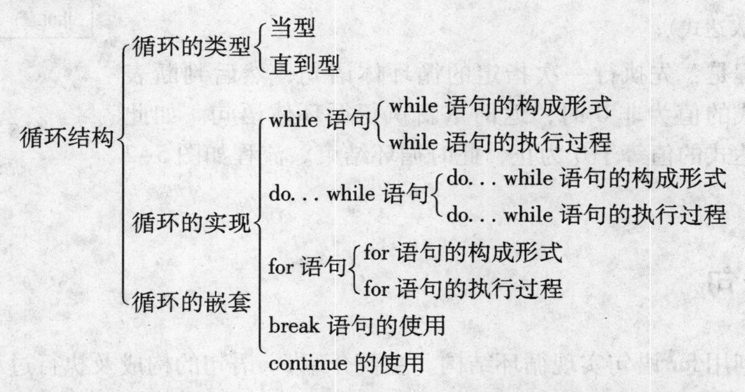


重点：for语句、while语句、do...while语句的使用及循环的常用算法。

难点：循环的常用算法及实现。

## 5.1　while语句

本节介绍利用while语句实现当型循环结构。主要介绍while语句的构成及执行过程，并通过例题说明如何使用while语句。

while语句用来实现当型循环结构。其一般形式如下：

```
while(表达式)
语句
```

其流程图如图5-1所示。执行时，先判断表达式。若表达式为非0值，执行循环体语句，然后再判断表达式，直到表达式为0时结束循环。

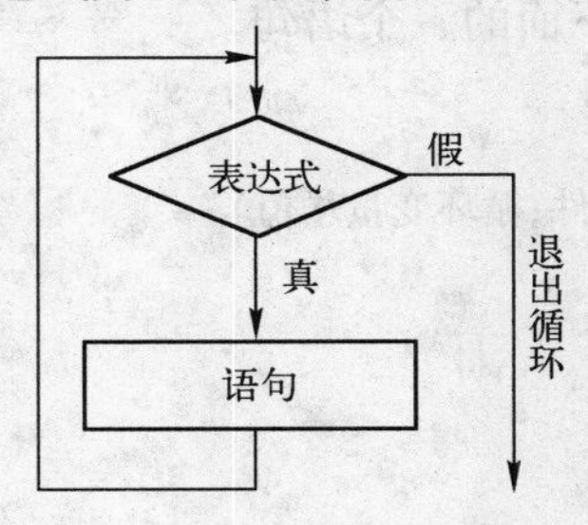


图5-1　当型循环流程图

## 5.2 do...while 语句

本节介绍利用 do...while 语句实现直到型循环结构。主要介绍 do...while 语句的构成及执行过程。并通过例题说明如何使用 do...while 语句。

do...while 语句的特点是先执行循环体，然后判断循环条件是否成立。其一般形式为：

```
do
   语句
while(表达式);
```

其执行过程是：先执行一次指定的循环体语句，然后判断表达式。当表达式的值为非 0 时，返回重新执行循环体语句。如此反复，直到表达式的值等于 0 为止，此时循环结束。流程如图 5-2 所示。

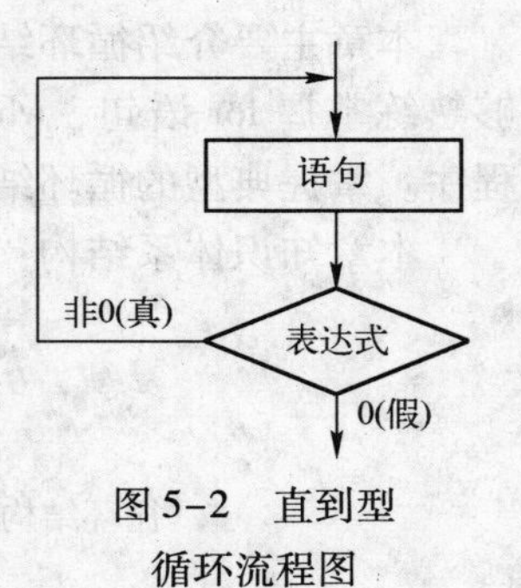


图 5-2　直到型循环流程图

## 5.3 for 语句

本节介绍利用 for 语句实现循环结构。主要介绍 for 语句的构成及执行过程，并通过例题说明如何使用 for 语句。

C 语言中的 for 语句使用最为灵活，不仅可以用于循环次数已经确定的情况，而且可以用于循环次数不确定而只给出循环结束条件的情况，它完全可以代替 while 语句。

for 语句的一般形式为：

```
for(表达式 1;表达式 2;表达式 3)语句
```

它的执行过程如下：

1）先求解表达式 1。

2）求解表达式 2，若其值为“真”（值为非 0），则执行 for 语句中指定的内嵌语句，然后执行下面第 3）步。若为“假”（值为 0），则结束循环，转到第 5）步。

3）求解表达式 3。

4）转回上面第 2）步，继续执行。

5）循环结束，执行 for 语句下面的一个语句。

for 语句最易理解的形式如下：

```
for(循环变量赋初值;循环条件;循环变量增值)
   语句
```

## 5.4 几种循环的比较

本节对几种循环进行比较。

1）3 种循环都可以用来处理同一个问题，一般情况下它们可以互相代替。

2）while 和 do...while 循环，只在 while 后面指定循环条件，在循环体中应包含使循环趋于结束的语句。for 循环可以在表达式 3 中包含使循环趋于结束的操作，甚至可以将循环体中的操作全部放到表达式 3 中。因此，for 语句的功能更强，凡用 while 循环能完成的，用 for 循环都能实现。

3）用 while 和 do...while 循环时，循环变量初始化的操作应在 while 和 do...while 语句之前完成。而 for 语句可以在表达式 1 中实现循环变量的初始化。

4）while 循环、do...while 循环和 for 循环，可以用 break 语句跳出循环，用 continue 语句结束本次循环。

## 5.5 循环嵌套

本节主要介绍循环嵌套的构成、双重循环的执行过程及使用循环嵌套的注意事项。

一个循环体内又包含另一个完整的循环结构，称为循环的嵌套。内嵌的循环中还可以嵌套循环，这就是多层循环。

双重循环的执行过程是：先执行外循环，当外循环控制变量取初值后，执行内循环；在内循环中，内层循环控制变量从初值变化到终值，外层的循环控制变量始终不变，直到内循环执行完毕；到了外循环，外层的循环控制变量才变，而后再执行内循环；在内循环中，内层循环控制变量又从初值变化到终值……如此下去，直到外循环控制变量超过终值，整个双重循环才执行完毕。

## 5.6 continue 语句

本节介绍 continue 语句的构成及执行。

一般形式为：

```
continue;
```

其作用为：结束本次循环，即跳过循环体中下面尚未执行的语句，接着进行下一次是否执行循环的判定。

continue 语句和 break 语句的区别是：continue 语句只结束本次循环，而不是终止整个循环的执行；break 语句则是结束整个循环过程，不再判断执行循环的条件是否成立。

## 5.7 break 语句

本节介绍 break 语句的构成及执行。

用 break 语句可以使流程跳出 switch 结构，继续执行 switch 语句下面的一个语句。实际上，break 语句还可以用来从循环体内跳出循环体，即提前结束循环，接着执行循环下面的语句。

## 5.8 实验

### 5.8.1 循环程序设计（一）

【实验目的和要求】

1）熟练掌握 while 语句和 do...while 语句。注意如何正确设置循环条件，以及如何控制循环次数。

2）熟练运用 while 语句和 do...while 语句编程，解决求和、穷举及递推等问题。

【实验内容】

**1. 分析题**

1）分析下面程序的输出结果，并验证分析的结果是否正确。

```
main()
{  int x=10,y=10,i=0;
   while(x>8)
   {  printf("%d %d",x--,y);
      y= ++i;
   }
}
```

2）写出下面程序的功能和输出结果。

```
main()
{  int t=0,s=0;
   while(t<20)
   if(t%3==0)
      s+=t++;
   printf("%d\n",s);
}
```

3）分析下面程序的输出结果，并验证分析的结果是否正确。

```
main()
{  int y=0,x=1;
   do
   {  x=x+5;
      y+=x;
      printf("x=%d,y=%d\n",x,y);
      if(y>20)
         break;
   }while(y=10);
}
```

**2. 填空题**

根据公式，求 a 和 b 的最大公约数。

$$\gcd(a,b)=\begin{cases}a & \text{当 } b=0 \text{ 时}\\ \gcd(a-b,b) & \text{当 } b\neq 0 \text{ 且 } a\geqslant b \text{ 时}\\ \gcd(b,a) & \text{当 } b\neq 0 \text{ 且 } a<b \text{ 时}\end{cases}$$

```
main()
{   int a,b,t;
    scanf("%d,%d",&a,&b);
    while(________!=0)
    {   if (a>=b)
            ________;
        else
        {   t=a;a=b;b=t;}
    }
    printf("%d\n",a);
}
```

**3. 改错题**

下面程序的功能是：计算 k 以内最大的、能被 13 或 17 整除的 10 个自然数之和。k 的值由键盘输入，若输入 500，则输出 4622。请改正程序中的错误，使程序能输出正确的结果。

```
main()
{   int k,m=0,mc=0;
    scanf("%d",&k);
    while(mc<10)
    {   if(k%13=0||k%17=0)
        {   m+=k;
            mc++;
        }
        k--;
    }
    printf("sum=%d\n",m);
}
```

**4. 编程题**

1）从键盘上依次输入一批数据，输出最大值和最小值，并统计出其中正数和负数的个数。

2）输入 x 的值（$|x|<2$），按公式计算 s，直到最后一项的绝对值小于 $10^{-5}$ 时为止。

$$s=x+\frac{x^2}{2}+\frac{x^3}{3}+\frac{x^4}{4}\cdots$$

3）输入一行字符，按字母、数字和其他字符分成 3 类，分别统计各类字符的数目。

## 5.8.2 循环程序设计（二）

**【实验目的和要求】**

1）熟练掌握 for 语句的正确使用。注意如何正确设置循环条件，以及如何控制循环次数。

2）熟练运用for语句编程，解决求和、穷举、递推及求定积分等问题。

**【实验内容】**

**1. 分析题**

1）分析下面程序的输出结果，并验证分析的结果是否正确。

```
main()
{  int x=10,y=10,i;
   for(i=0;x>8;y=++i)
    printf("%d %d",x--,y);
}
```

2）写出下面程序的功能。

```
main()
{  int k,t=1,s=0;
   for(k=1;k<=10;k+=2)
   {  t=t*k;
      s=s+t;t=t>0? -1:1;
   }
   printf("%d\n",s);
}
```

**2. 填空题**

求1！+2！+3！+…+*n*！和。

```
main()
{  int i=1,n;
   long s=0,t=1;
   scanf("%d,",&n);
   while(________)
   {
      ________;
      s=s+t;
   }
   printf("%d\n",s);
}
```

**3. 改错题**

计算y=1-1/2-1/3-…-1/m的值。

```
main()
{  int m,i;
   double y=1.0;
   scanf("%d",&m);
   for(i=2;i<m;i++)
```

```
        y - =1/i;
    printf("%lf",y);
}
```

**4. 编程题**

1）用梯形法求 $\int_0^1 \cos x dx$ 的值。

2）输入一个正整数，输出每位数字之积。例如，输入234，输出24。

3）输出100～999之间的水仙花数。

4）从键盘上依次输入20个数据，输出最大值和最小值，并统计出其中正数和负数的个数。

5）输入x的值（|x|<2），按公式计算s，求出前20项的和。

$$s = x + \frac{x^2}{2} + \frac{x^3}{3} + \frac{x^4}{4}\cdots$$

### 5.8.3 多重循环

**【实验目的和要求】**

1）熟练掌握多重循环的执行过程。

2）掌握如何正确使用多重循环。

3）熟练运用循环结构编程，解决打印图形、穷举、求素数及同构数等问题。

**【实验内容】**

**1. 分析题**

输出一张乘法口诀表。

```
main()
{   int a,b;
    for(a=1;a<=9;a++)
    {   for (b=1;b<=9;b++)
            printf("%d*%d=%2d",a,b,a*b);
        printf("\n");
    }
}
```

输入该程序并运行。将第4行改为 for（b=1; b<=a; b++）再运行，结果有什么不同？为什么？

**2. 填空题**

下列程序计算0～9之间任意3个不同数字组成的3位数共有多少种不同的组成方式。请完成下列程序。

```
#include <stdio.h>
main()
{   int j,i,k,count=0;
    for(i=9;i>=1;i--)
```

```
for(j=9;j>=0;j--)
if (________)
   continue;
else
   for (k=0;k<=9;k++)
      if (________)
         count++;
   printf("%d\n",count);
}
```

**3. 改错题**

下面程序的功能是：输入一个自然数 n（n>29），计算 n 以内最大的 10 个素数之和。例如，输入 100，则输出 732。请改正程序中的错误，使程序能输出正确的结果。

```
main()
{   int n,sum,k=0,j,m,flag;
    scanf("%d",&n);
    while(k<10)
    {   flag=1;
        for (j=2;j<=n;j++)
            if(n%j==0)
            {   flag=0;
                break;
        }
        if(flag)
        {   sum+=n;
            k++;
        }
        n++;
    }
    printf("sum=%d\n",sum);
}
```

**4. 编程题**

1）输出任意行的正三角形。

2）古代经典算术题：百钱百鸡。用 100 元钱买 100 只鸡，已知公鸡每只 5 元、母鸡每只 3 元、小鸡 1 元 3 只，输出所有的买法。

3）一个正整数如果恰好等于它的因子和，这个数就称为完数。例如，6 的因子是 1、2、3，而 6=1+2+3。找出 1～1000 之间的完数。

## 5.9 习题

**一、选择题**

1. 关于下面程序段，叙述正确的是________。

```
x=3;
do
{   y=x--;
    if(! y)
    {   printf("*");
        continue;
    }
        printf("#");
}while(1<=x<=2);
```

A. 将输出##　　B. 将输出##*　　C. 是死循环　　D. 含有不合法的控制表达式

2. 下面程序中，与 while（! a）的! a 等价的是________。

```
main()
{   int a;
    scanf("%d",&a);
    while(! a)
    {   printf("%d\n",a);
        a=! a;
    }
}
```

A. a==0　　B. a! =1　　C. a! =0　　D. a==1

3. 输出结果与下面程序一样的是________。

```
for(n=100;n< =200;n++)
{   if (n%3==0)
      continue;
    printf("%4d",n);
}
```

A. for（n=100;（n%3）&&n< =200; n++）printf（"%4d", n）;
B. for(n=100;(n%3)‖n< =200;n++)printf("%4d",n);
C. for（n=100; n< =200; n++）if（n%3! =0）printf（"%4d", n）;
D. for（n=100; n< =200; n++）

```
{   if(n%3)
        printf("%4d",n);
    else continue;
    break;
}
```

4. 设已定义 i 和 k 为 int 型变量，则关于以下 for 循环语句的叙述，正确的是________。

```
for (i=0,k=-1;k=1;i++,k++)
    printf("****\n");
```

A. 判断循环结束的条件不合法　　　　B. 是无限循环

C. 循环一次也不执行　　　　　　　　D. 循环只执行一次

5. 以下程序段的输出结果是________。

```
int x = 3;
do
{   printf("%3d", x -= 2);
}
while(! --x);
```

A. 1　　　B. 30　　　C. 12　　　D. 死循环

6. 下面程序的输出结果为________。

```
#include <stdio.h>
main()
{   int y = 10;
    while(y--);
    printf("y = %d\n", y);
}
```

A. y = 0　　　　　　　　B. while 构成无限循环

C. y = 1　　　　　　　　D. y = -1

7. 关于下述 for 语句的叙述，正确的是________。

```
int i, x;
for(i = 0, x = 1; i <= 9&&x! = 876; i ++)
  scanf("%d", &x);
```

A. 最多循环 10 次　　　　B. 最多循环 9 次

C. 无限循环　　　　　　　D. 一次也不循环

8. 下述程序段中，与其他程序段作用不同的是________。

A.
```
k = 1;
while (1)
{ s += k;
   k = k + 1;
   if (k > 100)
      break;
}
```

B.
```
k = 1;
Repeat:
s += k;
  If (++k <= 100)
  goto Repeat;
printf ("\n%d", s);
printf ("\n%d", s);
```

C.
```
int k, s = 0;
for (k = 1; k <= 100; s += ++k)
   printf ("\n%d", s);
```

D.
```
k = 1;
do
     s += k;
while (++k <= 100);
printf ("\n%d", s);
```

9. 有以下程序段：

```
int k = o;
while(k = 1)k ++ ;
```

while 循环执行的次数是________。

A. 无限次　　B. 有语法错误　　C. 一次也不执行　　D. 执行一次

10. 执行下面的程序后，a 的值为________。

```
main()
{   int a,b;
    for(a = 1,b = 1;a < = 100;a ++)
    {   if (b > =20)
            break;
        if(b%3 = =1)
        {   b + =3;
            continue;
        }
            b - =5;
    }
    printf("%d",a);
}
```

A. 7　　B. 8　　C. 9　　D. 10

二、填空题

1. 此程序用来输出最大值和最小值，输入 0 时结束。

```
main()
{   float x,max,min;
    scanf("%f",&x);
    max = x;
    min = x;
    while(________)
    {   if (x > max)
            max = x;
        if(________)
        min = x;
    scanf("%f",&x);
    }
    printf("\nmax = %f\nmix = %f\n",max,min);
}
```

2. 下面程序的功能是求 Fibonacci 数列（1，1，2，3，5，8…）的前 40 个数，即 Fl = F(1) = 1(n = 1) F2 = F(2) = 1 (n = 2)Fn = F(n) = F(n - 1) + F(n - 2)(n≥3)，要求每一行输出 4 个数。

```
main()
```

```
{   long int f1 = 1,f2 = 1;
    int i;
    for(i = 1; ________;i ++ )
    {   printf( "%12ld%12ld" ,f1 ,f2);
        f1 = f1 + f2;
        ________;
        if (________)
          printf( "\n" );
    }
}
```

3. 根据以下公式，求 a 和 b 的最大公约数。

$$
gcd(a,b) = \begin{cases} a & \text{当 } b = 0 \text{ 时} \\ gcd(a-b,b) & \text{当 } b \neq 0 \text{ 且 } a \geq b \text{ 时} \\ gcd(b,a) & \text{当 } b \neq 0 \text{ 且 } a < b \text{ 时} \end{cases}
$$

```
main( )
{   int a,b,t;
    scanf( "%d,%d" ,&a,&b);
    while(________! =0)
    {   if(a > =b)
        ________;
        else
        {   t = a;
            a = b;
            b = t;
        }
    }
    printf( "%d\n" ,a);
}
```

4. 下列程序计算 0 ~ 9 之间任意 3 个不同数字组成的 3 位数共有多少种不同的组成方式。请完成下列程序。

```
#include < stdio. h >
main( )
{  int j,i,k,count = 0;
   for( i = 9;i > =1;i - - )
   for(j = 9;j > =0;j - - )
    if (________)
      continue;
    else
       for( k = 0;k < =9;k ++ )
    if (________)
      count ++ ;
```

```
    printf("%d\n",count);
}
```

5. 计算 100 以内能被 3 整除的自然数之和。

```
#include <stdio.h>
main()
{   int x = 1,sum;
    ________;
    while()
    {   if (________)
            break;
        if (________)
            sum += x;
        x++;
    }
    printf("%d\n",sum);
}
```

6. 下面程序的功能是：输出 100 以内能被 3 整除且个位数为 6 的所有整数，请填空。

```
main()
{   int i,j;
    for(i=0; ________; i++)
    {   j = i * 10 + 6;
        if (______)
            continue;
        printf("%d",j);
    }
}
```

7. 计算：1 +（1 +2）+（1 +2 +3）+（1 +2 +3 +4）+… +（1 +2 +3 +4 +5 +… +n）。

```
main()
{   int j,s,p,n;
    scanf("%d",&n);
    for(s=p=0,j=1;j<=n;j++)
    {   p = ________;
        s = ________;
    }
    printf("%d",s);
}
```

8. 下面程序是按下列公式求 e 的值。要求精确到 $10^{-6}$。

e = 1 + 1/1! + 1/2! + 1/3! + … + 1/n! + …

```
#include <stdio.h>
```

```
main()
{   double e,t,n;
    e = 1.0;
    t = n = 1.0;
    while(________)
    {   e + = t;
        n = n + 1.0;
        ________;
    }
    printf("e = %f\n",e);
}
```

9. 下面程序的功能是：求5! +6! +7! +8! +9! +10!。

```
main()
{   double s = 0,t;
    int i,j;
    for(i = 5;i < = 10;i ++)
    {   ________;
        for (j = 1;j < = i;j ++)
            t = t * j;
        ________;
    }
    printf("%e\n",s);
}
```

## 三、分析程序题

1. 程序执行时，从第1列开始输入以下数据，<CR>代表换行符，程序的输出结果是________。

```
u<CR>
  w<CR>
xst<CR>
#include <stdio.h>
main()
{   int k;
    char c;
    for(k = 0;k < = 5;k ++)
    {   c = getchar();
        putchar(c);
    }
}
```

2. 下列程序的执行结果是________。

```
main()
```

```
{   int i,sum=0;
    for (i=1;i<=3;i++)
        sum+=i;
    printf("%d\n",sum);
}
```

3. 下列程序的执行结果是 ________ 。

```
main()
{   int x=23;
    do
    {   printf("%d",x--);
    }while(!x);
}
```

4. 下列程序的运行结果是 ________。

```
main()
{   int i=0,j=1;
    do
    {   j+=i++;
    }while(i<4);
    printf("%d\n",i);
}
```

5. 下列程序的运行结果是 ________。

```
main()
{   int x=1,total=0,y;
    while(x<=10)
    {   y=x*x;
        printf("%d ",y);
        total+=y;
        ++x;
    }
    printf("\ntotal is%d\n",total);
}
```

6. 下列程序的运行结果是________。

```
main()
{   int i=3;
    while(i<10)
    {   if(i<6)
        {   i+=2;
            continue;
        }
```

```
        else printf("i = %d", ++i);
    }
}
```

7. 下列程序的运行结果是 ________。

```
main()
{   int n = 0, sum = 0;
    do
    {   if(n == (n/2) * 2)
        continue;
    sum += n;
    } while( ++n < 10);
    printf("%d\n", sum);
}
```

8. 下列程序的运行结果是________。

```
main()
{   int x = 0, y = 0, i, j;
    for(i = 0; i < 2; i ++)
    {   for(j = 0; j < 3; j ++)
        x ++;
        x -= j;
    }
    y = i + j;
    printf("x = %d:y = %d", x, y);
}
```

9. 下列程序的运行结果是________。

```
main()
{   int i;
    for (i = 1; i <= 5; ++i)
      switch(i)
      {   case 1:printf("\n i = 1");
                 continue;
          case 2:i = 1;
          case 3:printf("\n i = 3");
                     i += 2;
                     continue;
          case 4:printf("\n i = %d", i ++);
                     break;
      }
}
```

10. 下列程序的运行结果是 ________。

```
main()
{   int i,j,k;
    for(i=1;i<=2;i++)
    {   for(j=1;j<=3;j++)
        {   for (k=1;k<=4;k++)
                printf(" ");
            for (k=1;k<=j;k++)
                printf(" * ");
            printf("\n");
        }
        printf("\n");
    }
}
```

11. 运行以下程序后，如果从键盘上输入 63 14，则输出结果为 ________。

```
main()
{   int m,n;
    printf("Enter m,n:");
    scanf("%d%d",&m,&n);
    while(m!=n)
    {   while(m>n)m-=n;
        while(n>m)n-=m;
    }
    printf("m=%d\n",m);
}
```

12. 运行下面程序，若输入整数 12345，则输出为 ________。

```
main()
{   long int x,y=0;
    scanf("%d",&x);
    do
    {   y=y*10+x%10;
        x/=10;
    }while(x);
    printf("%ld\n",y);
}
```

13. 假设输入 10 个整数，分别为 32、64、53、87、54、32、98、56、87、83，则下列程序的运行结果是 ________。

```
#include <stdio.h>
main()
{   int i,a,b,c,x;
    a=b=c=0;
```

```
    for(i=0;i<10;i++)
    {  scanf("%d",&x);
       switch(x%3)
       {  case 0:a+=x;break;
          case 1:b+=x;break;
          case 2:c+=x;break;
       }
       printf("%d,%d,%d\n",a,b,c);
    }
}
```

14. 下列程序的运行结果是 ________。

```
#include <stdio.h>
main()
{  int i,j;
   for(i=5;i>0;i--)
   {  for(j=i;j>0;j--)
      printf("*");
      printf("\n");
   }
}
```

15. 下列程序的运行结果是 ________。

```
#include <stdio.h>
main()
{  int x,y;
   x=5;
   y=0;
   do
   {  y+=x;
      x=x+10;
      printf("%d,%d\n",x,y);
      if (x>15)
        break;
   }while(x=10);
}
```

16. 下列程序的运行结果是 ________。

```
main()
{  int i,s=0;
   for (i=0;i<=20;i++)
     if (i%2==0)
       s+=i;
```

```
    printf("s=%d\n",s);
}
```

17. 设输入数据为426，下列程序的运行结果为：________。

```
main()
{   int x,s=0,t;
    scanf("%d",&x);
    do
    {   t=x%10;
        s+=t;
        x/=10;
    }while(x!=0);
    printf("s=%d\n",s);
}
```

## 四、改错题

1. 计算10！。

```
main()
{   int x=1;
    sum=1;
    while(x<=l0);
    sum=sum*x;
    printf("%d",sum);
}
```

2. 输出1到20之间的整数值（包括20）。

```
main()
{   int n=l;
    while(n<20)
      printf("%d",n++);
}
```

3. 计算1到10之间的整数和。

```
main()
{   int x=1,sum;
    sum=0;
    while(x<=l0);
    {   x++
        sum+=x;
    }
}
```

4. 输出2到100之间的偶数值。

```
main( )
{   int n = 1;
    do
    {   if( n%2 == 0)
        printf( "%d\n", n);
        n + = 2;
    } while( n < 100);
}
```

5. 输出 99 到 1 之间的奇数值。

```
for (i = 99; i > = 1; i + = 2)
   printf( "%d\n", i);
```

6. 下面程序的功能是：求以下分数序列的前 n 项之和。若 n = 5，则应输出 8.391667。

```
2/1, 3/2, 5/3, 8/5, 13/8…
main( )
{   int a = 2, b = 1, c, k = 1, n;
    float s = 0;
    printf( "input n" );
    scanf( "%d", &n);
    while( k < = n)
    {   s = s + 1.0 * a/b;
        c = a;
        a + = b;
        b + = c;
        k ++;
    }
    printf( "s = %f\n", s);
}
```

7. 下面程序的功能是：输入 30 名学生的一门课成绩，计算平均分，找出最高分和最低分。

```
main( )
{   int max, min, x, k;
    float sum, ave;
    scanf( "%d", &x);
    max = min = sum = x;
    for( k = 1; k < 30; k ++ )
    {   scanf( "%d", &x);
        sum + = x;
        if ( max > x)
          max = x;
        else if( min < x)
```

```
        min = x;
      }
    ave = sum/30;
    printf( " average = %6.2f\nmax = %d\nmin = %d\n" , ave, max, min) ;
}
```

## 五、问答题

1. 阅读程序回答问题。

```
#include < stdio. h >
#include < math. h >
main( )
{  int a,s = 0,k,m,n;
   scanf( "%d" ,&a) ;
   for(k = 2;k < = a;k ++ )
   {  m = 1;
      for (n = 2;n < = sqrt(k)&&m == 1;n ++ )
         if (k%n == 0)
           m = 0;
         if (m == 1)
           s + = k;
      }
         printf( "%d" ,s) ;
}
```

1）此程序的功能是什么?

2）若输入 a 的值为 10，则程序的输出结果是多少?

2. 阅读程序回答问题。

```
#include < math. h >
main( )
{  int n,k;
   float a,b,h,f0,f1,s,s1;
   scanf( "%d" ,&n) ;
   a = 0;
   b = 1;
   h = (b - a)/n;
   f0 = sin(a) ;
   for(k = 1;k < = n;k ++ )
   {  f1 = sin(a + k * h) ;
      s1 = (f0 + f1) * h/2;
      s = s + s1;
      f0 = f1;
   }
   printf( "%f,%f,%d,%f\n" ,a,b,n,s) ;
```

}

1）本程序的功能是什么？

2）程序中 n 的变大，对程序中 s 的计算结果有什么影响？

**六、编程题**

1. 从键盘上依次输入一批数据（输入 0 结束），求其最大值，并统计出其中正数和负数的个数。

2. 有一个分数序列 1/2，2/3，3/4，4/5，5/6…，求出这个数列的前 20 项之和。

3. 输入一行字符，以 '*' 结束，按字母、数字和其他字符分成 3 类，分别统计各类字符的数目。

4. 将 500 ~ 600 之间能同时被 5 和 7 整除的数打印出来，并统计其个数。

5. 公鸡 5 元 1 只，母鸡 3 元 1 只，小鸡 1 元 3 只，100 元钱要买 100 只鸡，且必须包含公鸡、母鸡和小鸡。编写程序，输出所有可能的方案。

6. 计算 sin(x) = x - x3/3! + x5/5! - x7/7! + …，直到最后一项的绝对值小于 $10^{-6}$ 为止。

7. 输入两个正整数 m 和 n，求其最大公约数和最小公倍数。

8. 求 1! +2! +3! +4! + … +20!。

9. 打印出以下图案。

```
* * * * *
  * * * * *
    * * * * *
      * * * * *
    * * * * *
  * * * * *
* * * * *
```

10. 一个数如果恰好等于它的因子之和，这个数就称为“完数”。例如，6 的因子 1、2、3，而 6 =1 +2 +3，因此 6 是完数。编程序找出 1000 之内的所有完数。

11. 给出一个不多于 5 位的正整数，要求：①求出它是几位数；②按逆序打印出各位数字，例如原数为 321，应输出 123。

# 第6章　数　　组

本章介绍数组的定义和使用，以及数组的常用算法。应熟练掌握一维数组和多维数组的定义、初始化和引用。熟练掌握字符串与字符数组的定义和使用。能够利用数组编程，掌握排序、查找、插入、删除、置逆、循环左移、循环右移、打印杨辉三角形和矩阵转置等算法。

本章知识体系结构：

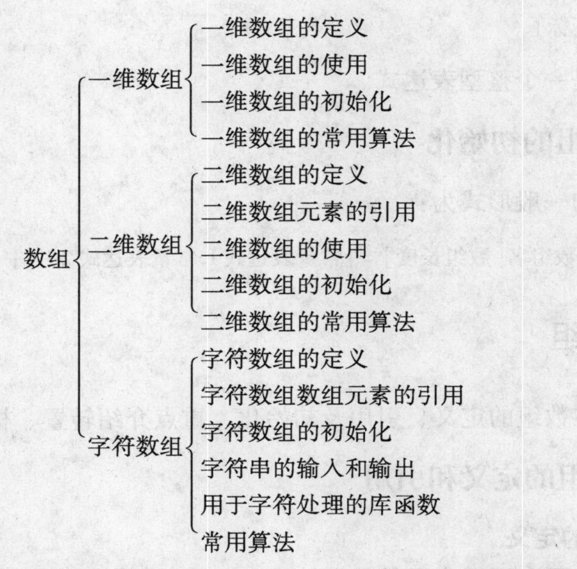


重点：一维数组、二维数组和字符数组的定义、初始化、引用及常用算法。

难点：排序、查找、插入、删除、置逆、循环左移、循环右移、打印杨辉三角形和矩阵转置等算法。

## 6.1　数组和数组元素

本节介绍数组和数组元素的概念。

数组是一种数据结构，处于这种结构中的变量具有相同的性质，并按一定的顺序排列。C语言数组中，每个分量称为数组元素，每个元素都有一定的位置，所处的位置用下标来表示。数组的特点是：数组元素排列有序且数据类型相同。所以，在数值计算与数据处理中，数组常用于处理具有相同类型、批量有序的数据。

C语言中，数组的元素用数组名及其后带中括号“ [ ]”的下标表示。

## 6.2　一维数组

本节介绍一维数组的定义和引用，以及一维数组的初始化。重点介绍排序、置逆、查找、插入和删除等算法。

### 6.2.1 一维数组的定义和引用

**1. 一维数组的定义**

一维数组的定义方式为：

类型说明 数组名[常量表达式]；

**2. 一维数组元素的引用**

数组元素的表示形式为：

数组名[下标]

其中，下标是一个整型表达式。

### 6.2.2 一维数组的初始化

数组初始化的一般形式为：

类型说明 数组名[数组长度]={常量表达式1,常量表达式2…}；

## 6.3 多维数组

本节介绍二维数组的定义、引用及初始化，重点介绍转置、杨辉三角等算法。

### 6.3.1 二维数组的定义和引用

**1. 二维数组的定义**

二维数组是由两个下标表示的数组。定义二维数组的一般形式为：

类型说明 数组名[常量表达式][常量表达式]；

其中，第一个常量表达式表示数组第一维的长度（行数），第二个常量表达式表示数组第二维的长度（列数）。

**2. 二维数组元素的引用**

多维数组被引用的是它的元素，而不是它的名称。名称表示该多维数组第一个元素的首地址。二维数组元素的表示形式为：

数组名[下标][下标]

多维数组的元素与一维数组的元素一样可以参加表达式运算。

### 6.3.2 二维数组的初始化

二维数组与一维数组一样，可以在说明时进行初始化。二维数组的初始化要特别注意各个常量数据的排列顺序，这个排列顺序与数组各元素在内存中的存储顺序完全一致。

可以用如下方法对二维数组初始化。

1）分行给二维数组赋初值。

2）可以将所有数据写在一个大括号内，按数组排列的顺序对各元素赋初值。

3）可以对部分元素赋初值。

4）如果对全部元素都赋初值（即提供全部初始数据），则定义数组时，对第一维的长度可以不指定，但第二维的长度不能省。

## 6.4 字符数组

本节介绍字符数组的定义、引用和初始化，字符型数据的输入和输出，以及字符处理函数。

### 6.4.1 字符数组的定义和引用

字符数组定义的一般形式为：

char 数组名[数组长度]；

### 6.4.2 字符数组的初始化

在 C 语言中，字符型数组在数组说明时进行初始化，可以按照一般数组初始化的方法，用“{}”包含初值数据。对字符数组的初始化有 3 种方式。

1）用字符常量对字符数组进行初始化。

3）用字符的 ASCII 码值对字符数组进行初始化。

3）用字符串对字符数组进行初始化。

### 6.4.3 字符串的输入和输出

字符串的输入和输出可以用 scanf( )和 printf( )函数，用%s 格式描述符，也可以用 gets( )和 puts( )函数进行输入和输出。

调用 scanf( )函数时，空格和换行符都作为字符串的分隔符而不能读入。gets( )函数读入由终端键盘输入的字符（包括空格符），直至读入换行符为止，但换行符并不作为串的一部分存入。对于这两种输入，系统都将自动把 '\0'放在串的末尾。

**1. 逐个字符的输入/输出**

1）在标准输入/输出函数 printf( )和 scanf( )中，使用%c 格式描述符。

2）使用 getchar( )和 putchar( )函数，必须使用#include <stdio.h>。

**2. 字符串的整体输入/输出**

1）在标准输入/输出函数 printf( )和 scanf( )中，使用%s 格式描述符。

输入形式为：

scanf("%s",字符数组名)；

输出形式为：

prinff("%s",字符数组名)，

2）如果利用一个 scanf( )函数输入多个字符串，则在输入时，以空格分隔各字符串。

### 6.4.4 用于字符处理的库函数

调用以下函数时，在程序的开头应加如下预编译命令：

#include <string. h>

1. puts（字符数组）

将一个字符串输出到终端。用 puts( )函数输出的字符串中可以包含转义字符。

2. gets（字符数组）

从终端输入一个字符串到字符数组，并且得到一个函数值，该函数值是字符数组的起始地址。

**注意：**用 puts( )和 gets( )函数只能输入或输出一个字符串。

3. strcat（字符数组1，字符数组2）

连接两个字符数组中的字符串，把字符串 2 接到字符串 1 的后面，结果放在字符数组 1 中。函数调用后得到一个函数值——字符数组 1 的地址。

4. strcpy（字符数组1，字符串2）

作用是将字符串 2 复制到字符数组 1 中去。

5. strcmp（字符串1，字符串2）

作用是比较字符串 1 和字符串 2。

1）如果字符串 1 等于字符串 2，函数值为 0。

2）如果字符串 1 大于字符串 2，函数值为一个正整数。

3）如果字符串 1 小于字符串 2，函数值为一个负整数。

6. strlen（字符串）

这是求字符串长度的函数。函数的值为字符串实际长度，不包括 '\ 0'在内。

7. strlwr（字符串）

将字符串中的大写字母转换成小写字母。1wr 是 lowercase（小写）的缩写。

8. strupr（字符串）

将字符串中的小写字母转换成大写字母。upr 是 uppercase（大写）的缩写。

## 6.5 实验

### 6.5.1 一维数组的使用

【实验目的和要求】

1）掌握一维数组定义、初始化的方法及规定。

2）掌握一维数组的输入和输出。

3）数组在数据处理中是一个十分有效的工具。掌握与一维数组有关的算法（如排序、折半查找等），逐步能应用数组设计应用程序。

4）清楚地了解数组的地址、数组元素的地址及一维数组的存储结构。

【实验内容】

1. 分析题

分析下面程序的输出结果，并验证分析的结果是否正确。根据结果，可以说明什么？

```
main( )
{   int a[10] = {0,1,2,3,4,5,6,7,8,9},i;
    for(i=0;i<10; i++)
```

```
    printf("%3d",a[i]);
  printf("\n");
  for (i=9;i>=0;i--)
    printf("%3d",a[i]);
  printf("\n");
}
```

**2. 填空题**

1）函数的功能是：计算 n 个学生的平均成绩 aver，将高于 aver 的成绩放到 over 数组中，在函数中输出平均成绩、高于平均分的成绩及人数。在横线处填上适当内容，使程序正确运行。

```
#define N 10
main()
{  int score[N],over[N],j,count=0,sum=0,ave;
   printf("Please enter score of student:\n");
   for (j=0;j<N;j++)
     scanf("%d",&score[j]);
   for (j=0;j<N;j++)
     ________
   ave=sum/N;
   for (j=0;j<N;j++)
     if (score[j]>ave)
       over[ ________ ]=score[j];
   for (j=0;j<count;j++)
     printf("%5d\n",over[j]);
   printf("%d\n",count);
}
```

2）函数的功能是：把 a 数组中比其后一个元素小的元素，保存在数组 b 中并输出。

```
#define N 10
main()
{  int i,n=0,b[N],a[N];
   for (i=0;i< (1) ;i++)
     scanf("%d",&a[i]);
   for (i=0;i< (2) ;i++)
     if (a[i]<a[i+1])
       ________;
   for (i=0;i<n;i++)
     printf("b[%d]=%d", ________ );
}
```

**3. 改错题**

下面程序的功能是：找出数组中最小和次小的数，并把最小数与 a[0]中的数对调，次小数与 a[1]中的数对调。请改正程序中的错误，使程序能输出正确的结果。

```
#define n 10
main()
{   static int a[n] = {11,2,13,4,6,10,0,1,9,7};
    int j,k,m,t;
    for (j = 0;j < n;j ++ )
        printf( "%3d" ,a[j]);
    printf( "\n");
    for(j = 0;j < 2;j ++ )
    {   m = 0;
        for (k = j;k < n;k ++ )
            if (a[k] > a[m])
               k = m;
        t = a[j];
        a[j] = a[m];
        a[m] = k;
    }
    for (j = 0;j < n;j ++ )
        printf( "%3d" ,a[j]);
    printf( "\n");
}
```

**4. 编程题**

1）从键盘上输入 n 个数保存到数组中，求出这 n 个数的最大值、最小值及平均值。

2）从键盘上输入 n 个数保存到数组中，排序后输出。

3）从键盘上输入 n 个数保存到数组中，利用对半的思想，查找一个数是否存在。若存在，给出存在的信息，否则给出不存在的信息。

4）利用筛选法，求出 1～100 的素数。

### 6.5.2 二维数组的使用

**【实验目的和要求】**

1）掌握二维数组定义、初始化的方法及规定。

2）掌握二维数组的输入和输出。

3）数组在数据处理中是一个十分有效的工具。掌握与二维数组有关的算法，逐步能应用二维数组设计应用程序。

4）清楚地了解二维数组的地址、数组元素的地址及二维数组的存储结构。

**【实验内容】**

**1. 分析题**

分析下面程序的输出结果，并验证分析的结果是否正确。下面的程序是输出一个 3×4 矩阵各元素的值和各元素的地址，并由此说明一个二维数组的各元素按什么顺序存储?

```
main()
```

```
{   int a[3][4] = {{1,3,5,7},{9,11,13,15},{17,19,21,23}},i,j;
    for(i = 0;i < 3;i ++ )
    {   for(j = 0;j < 4;j ++ )
          printf("%4d%6x",a[i][j],&a[i][j]);
    printf("\n");
    }
}
```

### 2. 填空题

该函数的功能是：从键盘输入一个 3 行 3 列矩阵各元素的值，然后输出主对角线的元素之和。

```
#define n 10
main( )
{   int a[3][3],sum;
    int j,i;
    ________;
    for(i = 0;i < 3;i ++ )
    for (j = 0;j < n;j ++ )
        printf("%3d",________);
    for (i = 0;i < 3;i ++ )
        ________
    printf("sum = %d\n",sum);
}
```

### 3. 编程题

1）编写程序，完成：从键盘上输入一个 n × n 数组各元素的值，把每行元素循环左移 1 位输出。

2）输入 3 个同学的 5 门课成绩，求出每个人的平均成绩及全班的平均成绩，最后输出每个人的信息及全班的平均成绩。

3）从键盘上输入 n × n 个数据，保存到二维数组中，每行按由小到大排序后输出。

## 6.5.3 字符数组和字符串

**【实验目的和要求】**

1）掌握字符数组和字符串函数的使用。

2）掌握字符串的输入和输出方法。

3）掌握字符串的结束标志。正确使用字符串结束标志，对字符串进行处理。

**【实验内容】**

### 1. 分析题

1）分析下面程序的输出结果，并验证分析的结果是否正确。说明此函数的功能。

```
#include <stdio.h>
main()
```

```
{   char str[10],temp[10];
    int k;
    gets(temp);
    for(k = 1;k < =4;k ++)
    {   gets(str);
        if (strcmp(temp,str) >0)
          strcpy(temp,str);
    }
    printf(" \nThe first string is:%s",temp);
}
```

2）在 list 数组中存放一个班级的学生名字，说明此程序的功能。

```
#include < stdio. h >
#define NUM 7
main()
{   char name[10];int k,yes =0;
    char list[NUM][10] = {"Zhang","Li","Wang","Ling","Huang","Liu","Tan"};
    printf("input your name:");
    gets(name);
    for(k =0;k < NUM;k ++)
      if (strcmp(1ist[k],name) ==0)
        yes =l;
      if (yes)
        printf("%s is in our class. \n",name);
      else printf("%s is not in our class. \n",name);
}
```

**2. 填空题**

下面程序的功能是：从键盘输入一行字符，统计其中有多少个单词，单词之间用空格分隔。在横线处填上适当内容，使程序正确运行。

```
#include < stdio. h >
main()
{   char s[80],cl,c2;
    int i =0,num =0;
    gets(s);
    while(s[i]! ='\0')
    {   cl = s[i];
        if (i ==0)
          c2 =";
        else c2 = s[i -1];
        if (________)
          num ++;
        i ++;
```

```
    }
    printf("there are%d words.\n",num);
}
```

### 3. 改错题

函数功能是：将 s 字符串中 ASCII 码值为偶数的字符删除，剩余的字符组成一个新字符串，放在 t 数组中。例如 s = "abcdefgh"，则输出 t = "aceg"。

```
main()
{   char s[50],t[30];int j;
    printf("Please enter string:\n");
    scanf("%s",s);
    for (j=0;s[j]!='\0';j++)
       if (s[j]%2==0)
         [k++]=s[j];
       printf("%s",t);
}
```

### 4. 编程题

1）编写一个程序，从键盘上输入一个字符串，并将下标为单号（1，3，5…）的元素值传递给另一个字符数组，然后输出两个字符数组的内容。

2）从键盘上输入一个字符串，要求将每个单词的第一个字母转换成大写字母。

3）从键盘上输入两个字符串，编写一个程序，将两个字符串连接，不能使用 strcat() 函数。

4）从键盘上输入一个字符串，编写一个程序，删除该字符串中一个指定的字符。

5）判断字符串 s 是否为回文，并给出相应的信息。例如"12321"、"abccba"是回文，而"hello"、"12341"不是回文。

## 6.6 习题

### 一、选择题

1. 以下正确的概念是________。

   A. 数组名的规定与变量名不相同

   B. 数组名后面的常量表达式用一对小括号括起来

   C. 数组下标的数据类型为整型常量或整型表达式

   D. 在 C 语言中，一个数组的下标从 1 开始

2. 对数组初始化，正确的方法是________。

   A. int a（5）={1，2，3，4，5}；　　B. int a［5］={1，2，3，4，5}；

   C. int a［5］={1—5}；　　D. int a［5］={0，1，2，3，4，5}；

3. 若有以下数组定义：

```
char x[] = "12345";
char y[] = {'1','2','3',',4','5'};
```

则正确的描述是________。

A. x 数组和 y 数组长度相同　　B. x 数组长度大于 y 数组长度

C. x 数组长度小于 y 数组长度　　D. 两个数组中存放相同的内容

4. 正确进行数组初始化的是________。

A. int s[2][ ] = {{2,1,2},{6,3,9}};

B. int s[ ][3] = {9,8,7,6,5,4};

C. int s[3][4] = {{1,1,2},{3,3,3},{3,3,4},{4,4,5}};

D. int s[3,3] = {{1},{4},{6}};

5. 若有定义"char s1 [80], s2 [80];"，则以下函数调用中，正确的是________。

A. scanf ("%s%s", &s1, &s2);　　B. gets (s1, s2);

C. scanf ("%s %s", s1, s2);　　D. gets ("%s %s", s1, s2);

6. 输出较大字符串的正确语句是________。

A. if (strcmp (strl, str2)) printf ("%s", strl);

B. if (strl > str2) printf ("%s", strl);

C. if (strcmp (strl, str2) > 0) printf ("%s", strl);

D. if (strcmp (strl) > strcmp (str2)) printf ("%s", strl);

7. 执行以下程序后的结果是________。

```
#include <stdio.h>
#include <string.h>
main()
{   char s1[80] = "AB",s2[80] = "CDEF";
    int i = 0;
    strcat(s1,s2);
    while (s1[i ++ ] ! ='\0')
        s2[i] = s1[i];
    puts(s2);
}
```

A. CB　　B. ABCDEF　　C. AB　　D. CBCDEF

8. 当运行以下程序时，从键盘输入 AhaMA Aha <回车>，则下面程序的运行结果是________。

```
#include <stdio.h>
main()
{   char s[80],c ='a';
    int i = 0;
    scanf("%s",s);
    while(s[i] ! ='\0')
    {   if (s[i] ==c)
          s[i] = s[i] -32;
        else if(s[i] == c -32)
          s[i] = s[i] +32;
        i ++;
```

```
    }
    puts(s);
}
```

A. ahAMa　　B. AhAMa　　C. AhAMa ahA　　D. ahAMa ahA

9. 下面程序的运行结果是________。

```
#include <stdio.h>
main()
{   char a[] = "morming",t;
    int i,j = 0;
    for (i = 1;i < 7;i ++)
       if (a[j] < a[i])
         j = i;
       t = a[j];
       a[j] = a[7];
       a[7] = a[j];
       puts(a);
}
```

A. mogninr　　B. mo　　C. morning　　D. mornin

10. 下面程序的功能是将字符串 s 中所有的字符 c 删除。横线处应该填入的内容是________。

```
#include <stdio.h>
main()
{   char s[80];
    gets(s);
    for (i = j = 0;s[i]! ='\0';i ++)
       if (s[i]! ='c')
          ________;
       s[j] ='\0';
    puts(s);
}
```

A. s[j ++ ] = s[i]　　B. s[ ++ j] = s[i]

C. s[j] = s[i];j ++　　D. s[j] = s[i]

## 二、填空题

1. 请完成以下有关数组描述的填空。

1）C 语言中，数组元素的下标下限为 ________。

2）数组在内存中占一片 ________ 的存储区，由________ 代表它的首地址。

3）C 语言程序在执行过程中，不检查数组下标是否 ________。

2. 若有以下 a 数组，数组元素 a［0］ ~a［9］ 中的值为：

9　4　12　8　2　10　7　5　1　3

1）对该数组进行定义并赋以上初值的语句是 ________。

2）该数组中，可用的最小下标值是 ________，最大下标值是 ________。

3）该数组中，下标最小的元素名字是 ________，它的值是________；下标最大的元素名字是 ________，它的值是 ________。

4）该数组的元素中，数值最小的元素其下标值是 ________；数值最大的元素其下标值是 ________。

3. 输入5个字符串，将其中最小的打印出来。

```
main()
{   char str[10],temp[10];
    int i;
    ________;
    for(i=0;i<4;i++)
    {
        gets(str);
        if(strcmp(temp;str)>0)
        ________;
    }
    printf("\nThe first string is:%s\n",temp);
}
```

4. 以下程序把一组由小到大的有序数列放在a[1]～a[n]中，a[0]用做工作单元，程序把读入的x值插入到a数组中，插入后，数组中的数仍然有序。

```
#include <stdio.h>
main()
{   int a[10]={0,12,17,20,25,28},x,i,n=5;
    printf("Enter a nunnber:");
    scanf("%d",&x);
    a[0]=x; i=n;
    while(a[i]>x)
       a[ ________ ]=a[i], ________;
    a[ ________ ]=x;n++;
    for (i=1;i<=n;i++)
       printf("%4d",a[i]);
    printf("\n");
}
```

5. 以下程序分别在a数组和b数组中放入an+1和bn+1个由小到大的有序数，程序把两个数组中的数按由小到大的顺序归并到c数组中。

```
#include<stdio.h>
main()
{   int a[10]={1,2,8,9,10,12},b[10]={1,3,4,8,12,18};
    int i,j,k,an=5,bn=5,c[20],max=9999;
```

```
    a[an+1]=b[bn+1]=max;
    i=j=k=0;
    while((a[i]!=max)||(b[j]!=max))
      if(a[i]<b[j])
      {   c[k]= ________ ;
          k++;
          ________
      }
      else
      {   c[k]=________ ;
          k++;
          ________ ;
      }
    for (i=0; i<k; i++)
      printf("%4d",c[i]);
    printf("\n");
}
```

6. 以下程序从输入的10个字符串中找出最长的串。

```
#include <stdio.h>
#include <string.h>
#define N 10
main()
{   char str[N][81],sp;
    int i;
    for (i=0;i<N;i++)
      gets(str[i]);
      ________ ;
    for (i=1;i<N;i++)
      if (strlen(sp)<strlen(str[i])
        ________ ;
    printf("输出最长的那个串:\n%s\n", ________);
    printf("输出最长串的长度:%d\n",strlen(sp));
}
```

7. 下列程序求解矩形两条对角线上的元素之和。请完成下列程序。

```
main()
{   int j,i,sum1,sum2;
    int a[][4]={43,543,32,46,75,123,754,213,345,57,234,56,32,5352,56,87};
        sum1=0;
        ________ ;
    for (i=0;i<4;i++)
      for(j=0;j<4;j++)
```

```
    {   if (________)
          sum1 + = a[i][j];
        if (________)
          sum2 + = a[i][j];
    }
  printf("%d,%d\n",sum1,sum2);
}
```

8. 下面程序的功能是检查一个二维数组是否对称（即对所有元素都有 a[i][j] = a[j][i]）。

```
#include < stdio. h >
main()
{   int a[4][4] = {1,2,3,4,2,2,5,6,3,5,3,7,4,6,7,4};
    int i,j,found = 0;
    for(j = 0;j < 4;j ++ )
     for ( ________ ;i < 4;i ++ )
        if(a[i][j]! = a[j][i])
        {   ________ ;
            break;
        }
     if (found)
       printf("no");
     else printf("yes");
}
```

9. 下面程序的功能是将 a 中的每一个元素向右移一列，最右一列换到最左一列，移后的数组存放到另一个二维数组 b 中，并按矩阵的形式输出 a、b。

```
#include < stdio. h >
main()
{   int a[2][3] = {4,5,6,1,2,3},b[2][3];
    int i,j;
    printf("array a:\n");
    for(i = 0;i < 2;i ++ )
    {   for(j = 0;j < 3;j ++ )
          printf("%d",a[i][j]);
        ________ ;
        printf("\n");
    }
    for ( ________ ;i ++ )
        b[i][0] = a[i][2];
        printf("array b:\n");
    for(i = 0;i < 2;i ++ )
    {   for (j = 0;j < 3;j ++ )
```

```
        printf("%d",b[i][j]);
    ___(3)___;
    }
}
```

10. 下面程序将二维数组 a 的行列元素互换后，存到另一个二维数组 b 中。

```
#include <stdio.h>
main()
{   int a[2][3] = {{1,2,3},{4,5,6}};
    int b[3][2],i,j;
    for(i=0;i<2;i++)
    {   for(j=0; ________ ;j++)
        {   printf("%d",a[i][j]);
            ________ ;
        }
        printf("\n");
    }
    for(i=0; ________ ;i++)
    {   for(j=0; j<2;j++)
        {   printf("%d",b[i][j]);
            printf("\n");
        }
}
```

11. 利用冒泡法将数组 a 中的 n 个元素进行升序排列。

```
#include <stdio.h>
main()
{   int a[] = {6,8,5,98,4},n=5,i,j,k;
    for(i=0; ________ ;i++)
     for (j=0;j<n-i;j++)
        if(a[j]>a[j+1])
        {   k=a[j];
            a[j] = ________ ;
                   ________ =k;
     }
}
```

12. 以下程序将两个字符串中的字符连接。

```
#include <stdio.h>
main()
{   char s1[40],s2[20];
    int j,k;
    i=k=0;
```

```
    while(s1! = ________ )
      i++;
    while(s[j]! = ________)
      s1[i++]=s2[j++];
    ________='\0';
}
```

13. 有一个数43634，其左右对称，求比它大的对称数中最小的那一个。

```
#include <stdio.h>
main()
{   lont int i=43634,j;
    int count,ch[10];
    do
    {   i++;
        j=i;
        count=________;
        while(________)
        {   ch[count]=j%________;
            j=j/________;
            count++;
        }
        if (________)
          break;
    }while(1);
    printf("%d",i);
}
```

## 三、分析程序题

1. 下列程序的运行结果是 ________。

```
main()
{  int i,j,a[3][3];
   for(i=0;i<3;i++)
   {  for(j=0;j<3;j++)
      {  if (i+j==3)
            a[i][j]=a[i-1][j]+1;
         else a[i][j]=j;
         printf("%4d",a[i][j]);
      }
      printf("\n");
   }
}
```

2. 下列程序的运行结果是 ________。

```
main()
{   int i,j,a[10];
    a[0] = 1;
    for(i = 0;i < 5;i ++ )
      for (j = i;j < 5;j ++ )
          a[j] = a[i] + 1;
      for (i = 1; i < 5; i ++ )
          printf("%4d",a[i]);
      printf("\n");
}
```

3. 若先后输入 country 和 side，则下列程序的运行结果为 ________。

```
main()
{   char s1[40],s2[20];
    int i = 0,j = 0;
    scanf("%s",s1);
    scanf("%s",s2);
    while(s1[i]! ='\0')
      i ++ ;
    while(s2[j]! ='\0')
      s1[i ++ ] = s2[j ++ ];
    s1[i] ='\0';
    printf("\n%s",s1);
}
```

## 四、问答题

1. 阅读程序回答问题。

```
#include <stdio.h>
main()
{   int m[3][3] = {1,2,3,4,5,6,7,8,9},i,j,k;
    for(i = 0;i < 3;i ++ )
     for(j = 0;j < 3;j ++ )
     {   k = m[i][j];
         m[i][j] = m[j][i];
         m[j][i] = k;
     }
    for(i = 0;i < 3;i ++ )
    {   for (j = 0;j < 3;j ++ )
            printf("%2d",m[i][j]);
        printf("\n");
    }
    for(i = 0;i < 3;i ++ )
     for(j = 0;j < i;j ++ )
```

```
    {   k = m[i][j];
        m[i][j] = m[j][i];
        m[j][i] = k;}
   for(i = 0;i < 3;i ++ )
    {   for (j = 0;j < 3;j ++ )
            printf(" % d",m[i][j]);
        printf(" \n");
    }
}
```

1）此程序的功能是什么？第一个双重循环是否能实现此功能？

2）此程序输出的结果是什么？

2. 阅读程序回答问题。

```
#include < stdio. h >
main( )
{   int n,i,la,lb;
    float a[100],b[100],sum,aver;
    scanf(" % d",&n);
    for (i = 0;i < n;i ++ )
      scanf(" % f",&a[i]);
      sum = 0;
    for(i = 0;i < n;i ++ )
    sum + = a[i];
    aver = sum/n;
    la = lb = 0;
    for(i = 0;i < n;i ++ )
     if (a[i] > aver)
       b[lb ++ ] = a[i];
     else a[la ++ ] = a[i];
    printf(" % f\n",aver);
    for (i = 0;i < la;i ++ )
       printf(" % f ",a[i]); printf(" \n");
    for (i = 0;i < lb;i ++ )
       printf(" % f ",b[i]); printf(" \n");
}
```

1）下列程序的作用是什么？

```
sum = 0;
for(i = 0;i < n;i ++ )
sum + = a[i];
aver = sum/n;
```

2）变量 la 和 lb 的作用是什么？

3. 阅读程序回答问题。

```
#include <stdio.h>
main()
{   int a[10],b[10]={0},j,k;
    for (k=0;k<10;k++)
       scanf("%d",&a[k]);
    for(k=0;k<10;k++)
     for (j=0;j<=k;j++)
        b[k]+=a[j];
     for (k=0;k<10;k++)
        printf("%d ",b[k]);
     printf("\n");
}
```

1）若程序运行时，给 a 输入的值为 1、2、3、4、5、6、7、8、9、0，则程序的输出结果是什么？

2）程序中，数组 b 和数组 a 的元素值有什么关系？

4. 阅读程序回答问题。

```
#include <math.h>
#include <stdio.h>
int su(int m)
{   int k,n=1;
    for(k=2;k<=sqrt(m)&&n==1;k++)
     if (m%k==0)
       n=0;
     return n;
    }
main()
{   int m[5][5],k,i,j,t;
    k=1;
    for(i=0;i<5;i++)
     for(j=0;j<5;j++)
      {   do
          k+=2;
          while(! su(k));
          m[i][j]=k;
      }
    for(i=0;i<5;i++)
     for(j=0;j<4;j++)
      for (k=j+1;k<5;k++)
        if(m[j][i]<m[k][i])
        {     t=m[j][i];
```

```
            m[j][i] = m[k][i];
            m[k][i] = t;
        }
    for(i=0;i<5;i++)
    {   for (j=0;j<5;j++)
            printf("%4d",m[i][j]);
        printf("\n");
    }
}
```

1）主函数中对哪些元素进行什么顺序排序？

2）主函数中用的是什么排序方法？

3）程序的输出结果是什么？

5. 阅读程序回答问题。

```
#include <stdio.h>
#define N 4
#define M 7
main()
{   int a[N][N]={1,2,3,4,5,6,7,8,9,10,11,12,13,14,15,16},sum[M],i,j,k;
    for(i=0;i<M;i++)
     sum[i]=0;
    for(i=0;i<N;i++)
     for(j=0;j<N;j++)
      for(k=0;k<M;k++)
       if (i+j==k)
          sum[k]=sum[k]+a[i][j];
    for(k=0;k<M;k++)
    printf("%d ",sum[k]);
}
```

1）sum 数组和 a 数组是什么关系？

2）写出程序执行后 sum 数组的值。

3）把 for（k=0；k<M；k++）移到“sum[i]=0;”后，程序的执行结果有没有变化？

6. 阅读程序回答问题。

```
#include <stdio.h>
main()
{   int a[11],i,j,k;
    for(i=1;i<11;i++)
      scanf("%d",&a[i]);
    for(i=1;i<=9;i+=2)
     for(j=i+2;j<11;j+=2)
      if(a[i]>a[j])
```

```
        {   k = a[i];
            a[i] = a[j];
            a[j] = k;
        }
    for(i = 2;i < = 8;i + = 2)
      for(j = i + 2;j < 11;j + = 2)
       if(a[i] < a[j])
        {   k = a[i];
            a[i] = a[j];
            a[j] = k;
        }
      for(i = 1;i < = 9;i + = 2)
       printf("%3d",a[i]);
      for(i = 2;i < = 10;i + = 2)
       printf("%3d",a[i]);
  }
```

1）此程序的功能是什么？

2）程序执行时，若输入8、3、6、7、0、1、4、5、2、9，则程序的执行结果是什么？

**五、编程题**

1. 输入一个5行5列的数组。

1）求数组主对角线上元素的和。

2）求出辅对角线上元素的积。

3）找出主对角线上最大值元素及其位置。

2. 从键盘输入一个字符串，存放在a数组中，并在该串中的最大元素后边插入一个字符（该字符由键盘输入）。

3. 输入10个整数，存放在数组中，从第4个数据开始直到最后一个数据，依次向右移动一个位置。输出移动后的结果。

4. 输入10个无序的整数，存放在数组中，找出其中最小数所在的位置。

5. 已知两个数组中分别存放有序数列，将这两个数列合并成一个有序数列。合并时，不得使用重新排序的方法。

6. 找出一个5行5列二维数组的鞍点，即该位置上的元素在该行上最大，在该列上最小，也可能没有鞍点。

7. 有一篇文章，共有3行文字，每行有80个字符。要求分别统计出其中英文大写字母、数字及其他字符的个数。

8. 编写程序，输出以下图案：

```
*  *  *  *  *
*  *  *  *  *
*  *  *  *  *
*  *  *  *  *
*  *  *  *  *
```

9. 有一行电文，按下面规律译成密码：

A - >Z　a - >z　B - >Y　b - >y　C - >X　c - >x　…

即第一个字母变成第 26 个字母，第 i 个字母变成第 26 - i + 1 个字母。非字母字符不变。要求编写程序，将密码译回原文，并打印出密码和原文。

10. 把数组中相同的数据删除至只剩一个。

# 第7章　函　数

本章主要阐述函数的定义方法；函数的类型和返回值；参数值的传递；函数的调用，嵌套调用，递归调用；局部变量和全局变量；变量的存储类别（自动、静态、寄存器和外部），变量的作用域和生存期；内部函数与外部函数。通过本章的学习，能对C语言函数的相关知识有一个基本的了解，并掌握函数的定义和使用，能够利用函数完成复杂问题的编程。

本章知识体系结构：

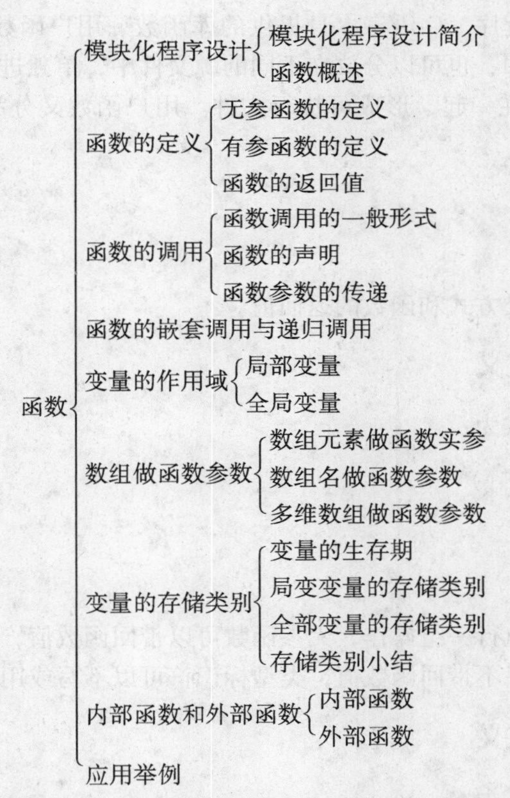


重点：函数的定义、函数调用时参数的传递、函数的嵌套调用、递归调用、变量的作用域和生存周期、变量的存储等。

难点：函数调用时参数的传递、函数的嵌套调用、递归调用、变量的存储及变量的作用域。

## 7.1　模块化程序设计

本节对模块化程序设计和函数作概要介绍。

### 7.1.1 模块化程序设计简介

结构化程序设计方法，从程序的实现角度看，就是模块化程序设计，即将程序模块化。

一个程序由若干模块组成，函数是 C 语言中模块的实现工具，较大的模块可用一个程序文件实现。模块组装在一起，达到整个程序的预期目的。

一个模块只做一件事情，模块的功能充分独立。模块内部的联系要紧密，而且要少。模块之间通过接口（形参或外部变量）通信。模块内部的实现细节在模块外部要尽可能不可见。

### 7.1.2 函数概述

系统函数由 C 语言函数库提供，用户可以直接引用。用户函数是用户根据需要定义完成某一特定功能的一段程序。C 语言本身提供的库函数、用户函数和必须包含的 main( ) 函数可以放在一个源文件中，也可以分放在不同的源文件中，单独进行编译，形成独立的模块(. obj 文件)，然后连接在一起，形成可执行文件。用户函数又分为带参数的函数和不带参数的函数。

## 7.2 函数的定义

本节介绍函数的定义方式和函数的返回值。

### 7.2.1 无参函数的定义

无参函数的定义形式为：

```
类型标识符 函数名()
{    声明部分
     语句部分
}
```

无参函数一般用来执行一组操作，无参函数可以带回函数值，也可以不带回函数值，不带回函数值的较多。如果不带回函数值，类型标识符可以不写或用空类型“void”来表示。

### 7.2.2 有参函数的定义

有参函数的定义形式为：

```
类型标识符 函数名(类型名 形式参数1,类型名 形式参数2,…)
{   声明部分
    语句部分
}
```

如果在定义函数时不指定函数类型，系统默认为 int 型。

### 7.2.3 函数的返回值

通过函数调用，使主调函数能得到一个确定的值，这就是函数的返回值。函数的返回值由 return 语句实现。

## 7.3 函数的调用

本节介绍函数的调用形式、调用方式和对被调用函数的要求，以及被调用函数的声明和函数原型。本节还对函数形参和实参进行说明和介绍。

### 7.3.1 函数调用的一般形式

**1. 函数调用的形式**

函数调用的一般形式为：

函数名(实参表列)；

**2. 函数调用的方式**

按函数在程序中出现的位置来分，可以有以下两种函数调用方式。

1）函数语句：把函数调用作为一个语句，不要求函数带回值，只要求函数完成一定的操作。

2）函数表达式：函数出现在一个表达式中，这种表达式称为函数表达式，这时，要求函数带回一个确定值以参加运算。

### 7.3.2 函数的声明

在一个函数中调用另一函数，要求被调用的函数必须是已经存在的函数（是库函数或用户自己定义的函数)。如果使用库函数，一般还应该在本文件开头用#include 命令将调用有关库函数时所需用到的信息包含到本文件中来；如果使用用户自己定义的函数，而且该函数与调用它的函数（即主调函数）在同一个文件中，一般还应该在文件的开头或在主调函数中对被调函数的类型进行函数的原型声明。

函数原型的一般形式是：

函数类型 函数名(参数类型1 参数名1,参数类型2 参数名2,…)；

### 7.3.3 函数参数的传递

在调用函数时，大多数情况下，主调函数和被调用函数之间有数据传递关系。在定义函数时，函数名后面括号中的变量名称为形式参数（简称形参)；在调用函数时，函数名后面括号中的表达式称为实际参数（简称实参)。

关于形参与实参的说明如下：

1）在定义函数中，指定的形参变量在未出现函数调用时，它们并不占内存中的存储单元。只有在函数被调用时，函数的形参才被分配内存单元。在调用结束后，形参所占的内存单元也被释放。

2）形参只能是变量，而实参可以是常量、变量或表达式，如 max（3，a + b)，但它们要有确定的值。在调用时，将实参的值传递给形参（如果实参是数组名，则传递的是数组地址，而不是变量的值，参见第8章)。

3）在被定义的函数中，必须指定形参的类型。

4）实参与形参的个数类型应一致。如果实参为整型而形参为实型，或者相反，则会发生“类型不匹配”的错误。但编译程序一般不会给出错误信息，即使有时得不到确定结果，通常也会继续运行下去。字符型与整型可以互相通用。

5）C 语言规定，实参对形参的数据传递是单向传递，只能由实参传给形参，而不能由形参传回来给实参。在内存中，实参单元与形参单元是不同的单元。

在调用函数时，给形参分配存储单元，并将实参的值传递给对应的形参。调用结束后，形参单元被释放，实参单元仍保留并维持原值。

因此，在执行一个被调用函数时，形参的值如果发生改变，并不会改变主调函数实参的值。

## 7.4　函数的嵌套调用与递归调用

本节介绍函数嵌套调用和递归调用的执行过程，以及利用函数嵌套和递归进行程序设计。

### 7.4.1　函数的嵌套调用

C 语言的函数定义都是互相平行、独立的，也就是说，在定义函数时，一个函数内不能包含另一个函数。C 语言程序不能嵌套定义函数，但可以嵌套调用函数，也就是说，在调用一个函数的过程中，又可以调用另一个函数。

### 7.4.2　函数的递归调用

在 C 语言程序中，有时可以看到一个函数直接或间接地调用自身的情况，这种情况就是函数的递归调用。递归调用有两种方式：直接递归调用和间接递归调用。

在 C 语言程序设计中提倡使用递归调用来实现复杂问题的求解。必须注意，递归不是“循环定义”，任何递归定义必须满足如下条件。

一个问题要采用递归方法来解决时，必须符合以下 3 个条件：

1）可以把要解决的问题转化为一个新问题，而这个新问题的解决方法仍与原来的解决方法相同，只是所处理的对象有规律地递增或递减。

2）可以应用这个转化过程使问题得到解决。

3）必定要有一个明确的结束递归条件，一定要能够在适当的地方结束递归调用，否则可能导致系统崩溃。

## 7.5　数组做函数参数

本节介绍数组作为函数参数的各种形式。

### 7.5.1　数组元素做函数实参

与普通变量一样，数组元素代表内存中的一个存储单元，数组元素可以作为函数的实参。

### 7.5.2 数组名做函数参数

数组名作为函数参数时，形参和实参都应使用数组名（或第9章介绍的指针变量），并且要求实参与形参数组的类型相同、维数相同。在进行参数传递时，按单向“值传递”方式传递地址，即将实参数组的首地址传递给形参数组，而不是将实参数组的每个元素一一传送给形参的各数组元素。形参数组接受了实参数组的首地址后，形参与实参共用相同的存储区域。这样，在被调函数中，形参数组的数据发生了变化，则主调函数用的实参数组是变化之后的值。

### 7.5.3 多维数组做函数参数

多维数组也可以作为函数的参数，此时编译系统不检查第一维的大小，所以可省去第一维的长度。

## 7.6 变量的作用域

本节介绍函数中变量的属性及其作用域。

### 7.6.1 局部变量

在一个函数或复合语句内部定义的变量是内部变量，它只在本函数或复合语句范围内有效，也就是说，只能在本函数或复合语句内才能使用它们，这样的变量也称为局部变量。

主函数中定义的变量也只在主函数中有效，不因为在主函数中定义而在整个文件或程序中有效；不同函数中可以使用相同名字的变量，它们代表不同的对象，互不干扰；形式参数也是局部变量；复合语句中，定义的变量只在本复合语句有效；离开该复合语句，该变量就无效。

### 7.6.2 全局变量

在函数之外定义的变量称为外部变量，外部变量是全局变量。全局变量可以为本文件中其他函数所共用，它的有效范围是：从定义变量的位置开始到本源文件结束。

全局变量的作用是增加函数间数据联系的渠道；全局变量在程序的全部执行过程中都占用存储单元，而不是仅在需要时才开辟单元，因此要限制使用全局变量；如果在同一个源文件中，外部变量与局部变量同名，则在局部变量的作用范围内，外部变量不起作用。

## 7.7 变量的存储类别

本节介绍函数中变量的存储类别、存储方式及其作用域。

### 7.7.1 变量的生存期

所谓变量的生存期，是指变量值在程序运行过程中存在的时间，即从变量分配存储单元开始到存储单元被收回这一段时间。变量的生存期由变量的具体存储位置决定。

从变量的生存期来分，可以将变量分为静态存储变量和动态存储变量。所谓静态存储方式，是指在程序运行期间，分配固定的存储空间的方式；而动态存储方式则是在程序运行期间，根据需要，进行动态分配存储空间的方式。

存储方法分为两大类：静态存储类和动态存储类。具体包含 4 种：自动的（auto）、静态的（static）、寄存器的（register）和外部的（extern）。

### 7.7.2 局部变量的存储类别

1）函数中的局部变量，如不做专门的声明，都是动态分配存储空间，存储在动态存储区中。对它们分配和释放存储空间的工作由编译系统自动处理，因此，这类局部变量称为局部动态变量或自动变量。自动变量用关键字 auto 做存储类型的声明。

2）有时希望函数中局部变量的值在函数调用结束后不消失而保留原值，即其占用的存储单元不释放。在下一次调用该函数时，该变量已有上一次函数调用结束时保留下来的值。为此，应该指定该局部变量为“局部静态变量”，用 static 加以声明。

### 7.7.3 全局变量的存储类别

全局变量是在函数外部定义的，编译时，分配在静态存储区。全局变量可以为程序中各个函数所引用。

### 7.7.4 存储类别小结

1）变量共有 4 种存储类别。

- static：声明静态内部变量或外部静态变量。
- auto：声明自动局部变量。
- register：声明寄存器变量。
- extern：声明变量是已定义的外部变量。

2）从作用域区分，有全局变量和局部变量。它们可采取的存储类别如下。

局部变量：① 自动变量，即动态局部变量（离开函数，值就消失）；② 静态局部变量（离开函数，值仍保留）；③ 寄存器变量（离开函数，值就消失）；④ 形式参数（可以定义为自动变量或寄存器变量）。

全局变量：① 静态外部变量（只限本文件使用）；② 外部变量（非静态的外部变量，允许其他文件引用）。

3）从变量存在的时间来区分，有静态存储和动态存储两种类型。静态存储是程序整个运行期间始终存在的，而动态存储则是在调用函数或进入分程序时临时分配单元的。

动态存储：① 自动变量（本函数内有效）；② 寄存器变量（本函数内有效）；③ 形式参数（本函数内有效）。

静态存储：① 静态局部变量（本函数内有效）；② 静态外部变量（本文件内有效）；③ 外部变量（其他文件可引用）。

4）作用域与生存期。如果一个变量在某一范围内能被引用，则称该范围为该变量的作用域。换言之，一个变量在其作用域内都能被有效引用。

一个变量占据内存单元的时间，称为该变量的生存期。或者说，该变量值存在的时间就是该变量的生存期。

## 7.8 内部函数和外部函数

本节介绍内部函数和外部函数的使用。

函数都是全局的，因为不能在函数内部定义另一个函数。但是，根据函数能否被其他源文件调用，将函数区分为内部函数和外部函数。

### 7.8.1 内部函数

如果一个函数只能被本文件中其他函数所调用，称它为内部函数。定义内部函数时，在函数名和函数类型前面加 static，即：

static 类型标识符 函数名(形参表)

内部函数又称为静态函数。使用内部函数，可以使函数只局限于所在文件，如果在不同的文件中有同名的内部函数，互不干扰。

### 7.8.2 外部函数

在定义函数时，如果冠以关键字 extern，表示此函数是外部函数，即：

extern 类型标识符 函数名(形参表)

## 7.9 实验

### 7.9.1 函数的定义和调用

**【实验目的和要求】**

1）理解函数的概念。

2）掌握函数的定义规则和调用规则，掌握函数的参数传递规则。

**【实验内容】**

**1. 分析题**

1）上机调试、运行下面程序，并注意函数的定义格式及函数的调用方法，特别要注意形参变量与实参变量之间的数据传递。

```
float fc(int n)
{   float s = 0;
    int j;
    for (j = 1;j < = n;j ++ )
        s = s + 1/(float)j;
    return(s);
}
main()
{   float sum;
    sum = fc(50) + fc(100) + fc(150) + fc(200);
```

```
    printf("\nsum = %f\n",sum);
}
```

2）分析下面程序的输出结果，并验证分析结果是否正确。

```
float aver(float a[5])
{   int i;
    float av,s = a[0];
    for (i = 1;i < 5;i ++ )
        s = s + a[i];
    av = s/5;
    return av;
}
void main()
{   float sco[5] = {95.0,89.5,76,65,89.4},av;
    av = aver(sco);
    printf("average score is %5.2f",av);
}
```

**2. 填空题**

1）下面程序的功能是：将十进制数转换成十六进制数。

```
#include"stdio.h"
#include"string.h"
main()
{   int a,i;
    char s[20];
    printf("input a integer:\n");
    scanf("%d",&a);
    c10_16(s,a);
    for (________;i > =0;i - - )
        printf("%c",s[i]);
    printf("\n");
}
c10_16(char p[],int b)
{   int j,i = 0;
    while ( ________ )
    {j = b%16;
     if (j > =0&&j < =9)
        ________;
     else p[i] = j +55;
     b = b/16;
     i ++;
    }
    ________;
```

```
}
```

2）下面程序的功能是：将一个 3×3 的矩阵转置。请上机调试，将程序补充完整。

```
#define N 3
void fun(int a[N][N])
{   int i,j,t;
    for(i=0;i<N;i++)
     for(j=0;j<i;j++)
      {   t=a[i][j];
          ________;
          a[j][i]=t;
      }
    }
main()
{   int x[N][N]={1,2,3,4,5,6,7,8,9},i,j;
    ________;
    for(i=0;i<N;i++)
    {   for(j=0;j<N;j++)
            printf("%4d",x[i][j]);
        printf("\n");
    }
}
```

**3. 编程题**

1）编写一个函数，求一个字符串的长度，在 main() 函数中输入字符串，并输出其长度。

**提示：** 可使用字符数组表示字符串。

2）编写程序，将 10~20 之间的全部偶数分解为两个素数之和（要求使用函数）。

**提示：** 编写判断素数的函数。

### 7.9.2 函数的嵌套调用和递归调用

**【实验目的和要求】**

1）理解函数嵌套调用的意义，并能够在编程过程中灵活使用。

2）理解函数的递归调用，掌握递归函数的定义与调用方法。

3）能使用函数递归调用的方法，分析和解决常见问题。

**【实验内容】**

**1. 分析题**

1）分析下面程序的输出结果，并验证分析结果是否正确。

```
funl(int a,int b)
{   int c;
    a+=a;
```

```
    b + =b;
    c =fun2(a,b);
    return c * c;
}
fun2(int a,int b)
{   int c;
    c =a * b%3;
    return c;
}
main()
{   int x =11,y =19;
    printf("The final result is:% d\n",funl(x,y));
}
```

2）阅读下面程序，运行时，输入12345。分析所实现的功能，并写出执行结果。

```
#include <stdio.h>
main()
{   long n;
    printf("Enter n:");
    scanf("%ld",&n);
    invert(n);
    printf("\n");
}
invert(long m)
{   printf("%ld",m%10);
    m =m/10;
    if (m >0)
      invert(m);
}
```

2. 填空题

1）由键盘任意输入两个整数，求这两个整数的最小公倍数。

```
int fun1(int n1,int n2)                       /* fun1()函数可求出最小公倍数 gbs1 */
{   int gbs1;
    gbs1 =n1 * n2/________;
    return(gbs1);
}
int fun2(int u,int v)                         /* fun2()函数可求出最大公约数 v */
{int t,r;
 if(v >u)
 ________
 while((r =u%v)! =0)
 {   u =v;
```

```
        v = r;
    }
    return(v);
}
main()
{   int num1,num2,gbs;
    printf("input 2 numbers:");
    scanf("%d%d",&num1,&num2);
    gbs = ________ ;                          /* gbs变量中存放的是最小公倍数 */
    printf("gbs = %d\n",gbs);
}
```

2）下面程序的功能是：利用递归函数求 $x^n$。

```
#include <math.h>
#include <stdio.h>
main()
{   int a,b;
    scanf("%d,%d",&a,&b);
    ________;
    printf("%ld",t);
}
long power(int x,int n)
{   ________ ;
    if (n>0)
      y = ________;
    else y = 1;
    return y;
}
```

**3. 编程题**

1）用函数嵌套调用的方法进行下面公式的计算，n为已知条件。

$$y(x) = x^1 + x^2 + \cdots + x^n$$

**提示：** 编写两个函数，一个用来求多项式和，另一个用来求 $x^n$，在求和函数中调用另一个函数。

2）编写一个程序，利用递归函数求斐波那契数列（1，1，2，3，5，8，13，21…）前20项的和。

$$Fib(1) = Fib(2) = 1$$

$$Fib(n) = Fib(n-1) + Fib(n-2),\ n>1$$

## 7.9.3 变量的作用域及存储类别

**【实验目的和要求】**

1）理解函数中变量的作用域，并能够在编程过程中灵活使用。

2）理解函数中变量的存储类别，掌握在函数实现中的正确应用。

【实验内容】

1．分析题

1）分析下面程序的输出结果，并验证分析结果是否正确。

```
int a = 3, b = 5;
max(int a, int b)
{   int c;
    c = a > b? a:b;
    return(c);
}
main()
{   auto int a = 8;
    printf("%d \n", max(a,b));
}
```

2）分析下面程序的输出结果，并验证分析结果是否正确。

```
func(int x)
{   static int c = 3;
    c ++ ;x ++ ;
    return(c + x);
}
main()
{   int x = 1,y;
    y = func(2);
    printf("\n%d",y);
    y = func(x);
    printf("\n%d",y);
}
```

2．填空题

1）输入长方体的长（l）、宽（w）、高（h），求长方体体积及正、侧、顶3个面的面积。

```
________;
int vs(int a,int b,int c)
{   int v;
    v = a * b * c;
    s1 = a * b;
    s2 = b * c;
    s3 = a * c;
    ________
}
main()
```

```
{ int v,l,w,h;
  printf("\ninput length,width and height: ");
  scanf("%d%d%d",&l,&w,&h);
  ________;
  printf("v=%d s1=%d s2=%d s3=%d\n",v,s1,s2,s3);
  getch();
}
```

2）下列程序运行结果为8，请将程序补充完整。

```
fun()
{________int x=5;
 x++;
 ________
}
main()
{ int i,x;
  for(i=0;i<3;i++)
  x= ________;
  printf("%d\n",x);
}
```

3. 编程题

1）输入30个同学的成绩，编写一个函数，求出最高分、最低分和平均分。

**提示：**最高分、最低分用全局变量。

2）从键盘输入若干个整数，其值在0~10的范围内，用-1作为输入结束的标志，统计整数的个数。要求通过不带参数的函数实现。

**提示：**用全局数组实现。

## 7.10 习题

### 一、选择题

1. 以下概念不正确的是________。
   A. 函数不能嵌套定义，但可以嵌套调用
   B. main()函数由用户定义，并可以被调用
   C. 程序的整个运行最后在main()函数中结束
   D. 在C语言中以源文件而不是以函数为单位进行编译
2. 以下概念正确的是________。
   A. 形参是虚设的，所以它始终不占用存储单元
   B. 当形参是变量时，实参与它所对应的形参占用不同的存储单元
   C. 实参与它所对应的形参占用一个存储单元
   D. 实参与它所对应的形参同名时可占用一个存储单元
3. 以下说法不正确的是________。

A. 在C语言中允许函数递归调用

B. 函数值类型与返回值类型出现矛盾时，以函数值类型为准

C. 形参可以是常量、变量或表达式

D. C语言规定，实参变量对形参变量的数据传递是“值传递”

4. 以下函数首部正确的是________。

A. float swap（int x，y） B. int max（int a，int b）

C. char scmp（char cl，char c2）； D. double sum（float x；float y）

5. 在函数中未指定存储类别的变量，其隐含存储类别为________。

A. 静态 B. 自动 C. 外部 D. 存储器

6. 在一个文件中，定义全局变量的作用域为________。

A. 本程序的全部范围

B. 离定义该变量位置最近的函数

C. 函数内全部范围

D. 从定义该变量的位置开始到本文件结束

7. 以下函数的返回值类型是________。

```
fun(int x)
{   printf("%d\n",x);
}
```

A. void 类型 B. int 类型 C. 没有 D. 不确定的

8. 在一个函数的复合语句中定义了一个变量，则该变量的有效范围是________。

A. 在该复合语句中 B. 在该函数中

C. 本程序范围内 D. 非法变量

9. 数组名作为实参数传递时，数组名被处理为________。

A. 该数组长度 B. 该数组的元素个数

C. 该数组的首地址 D. 该数组中各元素的值

10. 若调用一个函数，且此函数中没有 return 语句，则正确的说法是：该函数________。

A. 没有返回值 B. 返回若干个系统默认值

C. 能返回一个用户所希望的函数值 D. 返回一个不确定的值

11. 下面函数调用语句含有实参的个数为________。

```
func((expl,exp2),(exp3,exp4,exp5));
```

A. 1 B. 2 C. 4 D. 5

12. 以下对C语言函数的描述中，正确的是________。

A. 程序由一个或一个以上的函数组成

B. 函数既可以嵌套定义，又可以递归调用

C. 函数必须有返回值，否则不能使用函数

D. 程序中调用关系的所有函数必须放在同一个程序文件中

13. 以下叙述中不正确的是________。

A. 在C语言中调用函数时，只能把实参的值传送给形参，形参的值不能传送给实参

B. 在C语言的函数中，最好使用全局变量

C. 在C语言中，形式参数只是局限于所在函数

D. 在C语言中，函数名的存储类别为外部

14. C语言中，函数返回值的类型由________决定。

A. return语句中的表达式类型 B. 调用函数的主调函数类型

C. 调用函数时临时 D. 定义函数时所指定的函数类型

15. 一个C语言程序由函数A、B、C和函数P构成，在函数A中分别调用了函数B和函数C，在函数B中调用了函数A，且在函数P中也调用了函数A，则可以说________。

A. 函数B中调用的函数A是函数A的间接递归调用

B. 函数A被函数B中调用的函数A间接递归调用

C. 函数P直接递归调用了函数A

D. 函数P中调用的函数A是函数P的嵌套

16. 下面不正确的描述为________。

A. 调用函数时，实参可以是表达式

B. 调用函数时，实参与形参可以共用内存单元

C. 调用函数时，将为形参分配内存单元

D. 调用函数时，实参与形参的类型必须一致

17. C语言规定，调用一个函数时，实参变量和形参变量之间的数据传递是________。

A. 地址传递

B. 值传递

C. 由实参传给形参，并由形参传回给实参

D. 由用户指定传递方式

18. 要在C语言中求sin30°的值，则可以调用库函数，格式为________。

A. sin（30） B. sin（3.1415/6）

C. sin（30.0） D. sin((double)30)

19. 一个完整的、可运行的C语言源程序________。

A. 至少由一个主函数和（或）一个以上的辅函数构成

B. 由一个且仅由一个主函数和零个以上（含零个）的辅函数构成

C. 至少由一个主函数和一个以上的辅函数构成

D. 至少由一个且只有一个主函数或多个辅函数构成

20. 在C语言程序中________。

A. 函数的定义可以嵌套，但函数的调用不可以嵌套

B. 函数的定义不可以嵌套，但函数的调用可以嵌套

C. 函数的定义和调用均不可以嵌套

D. 函数的定义和调用均可以嵌套

## 二、填空题

1. 以下函数用于统计一行字符中的单词个数，单词之间用空格分隔。

```
int num(char str[])
```

```
{   int i,num=0,word=0;
    for(i=0;str[i]!=________;i++)
     if (________ ==' ')
       word=0;
     else if(word==0)
     {   word=1;
         ________;
     }
    return num;
}
```

2. 以下函数用于找出一个 2×4 矩阵中的最大值。

```
int maxvalue(int arr[][4])
{   int i,j,max;
    max=arr[0][0];
    for(i=0; ________;i++)
      for(j=0; ________ ;j++)
        if (arr[i][j]>max)
          max= ________ ;
      return (max);
}
```

3. 下面是一个求数组元素之和的程序。主程序中定义并初始化了一个数组，然后计算数组元素之和，并输出结果。函数 sum 计算数组元素之和。请完成下列程序。

```
#include<stdio.h>
________
int a[5]={2,3,6,8,10};
main()
{   ________
    total=sum(5);
    printf("%d\n",total);
}
int sum(int len)
{   ________;
    for(j=0; ________ j++)
     ________;
    return s;
}
```

4. 以下程序用递归算法实现如下功能：输入一个任意整数，在各数位间插入空格后输出。

```
#include<stdio.h>
main()
```

```
{   long int n;
    void func(int m);
    scanf("%d",&n);
    ________ ;                    /*调用函数求解*/
}
void func(________)
{   if(m>=10)
    ________ ;
    printf("%d ", ________);
}
```

## 三、分析程序题

1. 下列程序的运行结果是 ________。

```
f()
{   int a=2;
    static b=3;
    a++;
    b++;
    printf("a=%d,b=%d\n",a,b);
}
main()
{ f(); f(); }
```

2. 下列程序的运行结果是 ________。

```
main()
{   int i=1,x=2,j=3;
    fun(j,4);
    printf("i=%d;j=%d;x=%d\n",i,j,x);
}
fun(int i,int j)
{   int x=8;
    printf("i=%d;j=%d;x=%d\n",i,j,x);
}
```

3. 下列程序的运行结果是 ________。

```
main()
{   int x=1,y=2,z=0;
    printf("#x=%d y=%d z=%d\n",x,y,z);
    add(x,y,z);
    printf("@x=%d y=%d z=%d\n",x,y,z);
}
add(int x,int y,int z)
{   z=x+y;
```

```
    x = x * x;
    y = y * y;
    printf(" * x = %d y = %d z = %d\n",x,y,z);
}
```

4. 下列程序的运行结果是 ________。

```
int fun(int x)
{   printf("x = %d ",x);
    if(x <= 0)
    {   printf("\n");
        return 0;
    }
    else return x * x + fun(x - 1);
}
main()
{   int x = fun(6);
    printf("x = %d \n",x);
}
```

5. 下列程序的运行结果是 ________。

```
#include <stdio.h>
main()
{   int n = 4,m = 3,f;
    f = func(n,m);
    printf("%d",f);
    f = func(n,m);
    printf("%d\n",f);
}
func(int a,int b)
{   static int m = 0,k = 2;
    k += m + 1;
    m = k + a + b;
    return(m);
}
```

6. 下列程序的运行结果是 ________。

```
#include <stdio.h>
void main()
{   void f(int j);
    int i;
    for(i = 1;i <= 5;i++)
      f(i);
}
```

```
void f(int j)
{   static int a = 10;
    auto int k = 1;
    k ++ ;
    printf("%d + %d + %d = %d\n",a,k,j,a + k + j);
    a + = 10;
}
```

7. 下列程序的运行结果是 ________。

```
#include < stdio. h >
extern int a;
void main( )
{
    void s( );
    int i;
    for(i = 1;i < = 5;i ++ )
    {   a ++ ;
        printf("%d",a);
        s( );
    }
}
int a;
void s( )
{   int a = 10;
    a ++ ;
    printf("%d",a);
}
```

8. 下列程序的运行结果是 ________。

```
#include < stdio. h >
long fun(int n)
{   long t;
    if((n == 1) || (n == 2))
        t = 2;
    else t = n + fun(n - 1);
    return(t);
}
void main( )
{   long a;
    a = fun(10);
    printf("%ld\n",a);
}
```

9. 输入 -1234，写出运行结果。

```
#include <stdio.h>
main()
{   void fun(int);
    int n;
    scanf("%d",&n);
    if(n<0)
    {   putchar('-');
        n=-n;
    }
    fun(n);
}
void fun(int k)
{   int n;
    putchar(k%10+'0');
    n=k/10;
    if (n!=0)
      fun(n);
}
```

10. 下列程序的运行结果是 ________。

```
#include <stdio.h>
int gcd(int m,int n)
{   int g;
    if (m%n==0)
      g=n;
    else g=gcd(n,,m%n);
    return g;
}
main()
{   int m=36,n=28;
    printf("%d\n",gcd(m,n));
}
```

## 四、问答题

1. 阅读程序回答相应问题。

```
#include <math.h>
int flag(int m)
{   int k,n=1;
    for(k=2;k<=sqrt(m)&&n==1;k++)
      if (m%k==0)
        n=0;
     return n;
}
```

```
main()
{   int m,s=0;
    for(m=10;m<=40;m++)
      if (flag(m))
        s+=m;
      printf("%d",s);
}
```

1）函数 flag()的作用是什么？
2）此程序的功能是什么？
3）程序的输出结果是多少？
2. 阅读程序回答相应问题。

```
int symm(long n)
{   long tmp=n,m=0;
    while(tmp)
    {    m=m*10+tmp%10;
         tmp=tmp/10;
    }
        return(m==n);
}
main()
{   long m;
    for(m=11;m<100;m++)
    {   if(symm(m)&&symm(2*m)&&symm(m*m))
        printf("m=%ld 2*m=%ld m*m=%ld", m,2*m ,m*m);
    }
}
```

1）函数 symm()的功能是什么？
2）此程序的功能是什么？
3. 阅读程序回答相应问题。

```
void c10to8(int n)
{   int res[20],ind=0,n0=n;
    while(n)
    {   res[ind++]=n%8;
        n=n/8;
    }
    printf("%d(10)=",n0);
    while(--ind>=0)
      printf("%d",res[ind]);
    printf("(8)\n");
}
```

```
main()
{   int n;
    scanf("%d",&n);
    while(n! = -1)
    {   c10t08(n);
        scanf("%d",&n);
    }
}
```

1）函数 c10to8()的功能是什么？

2）输入什么程序才能结束？

3）运行时输入 100，则输出结果是什么？

4. 阅读程序回答相应问题。

```
void sort(int x[ ],int n)
{   int i,j,k,t;
    for(i = 0;i < n - 1;i ++ )
    {   k = i;
        for(j = i + 1;j < n;j ++ )
          if (x[k] > x[j])
            k = j;
        if(k! = i)
        {   t = x[k];
            x[k] = x[i];
            x[i] = t;
        }
    }
}
main()
{   int a[10],i;
    for(i = 0;i < 10;i ++ )
      scanf("%d",&a[i]);
    sort(a,10);
    for (i = 0;i < 10;i ++ )
      printf("%4d",a[i]);
    printf("\n");
}
```

1）sort()函数的功能是什么？

2）若输入数据 1 -3 5 4 0 9 7 -6 2 8 后，写出程序的运行结果。

3）若输入数据不变，程序画线处改为 for （j = n - 1； j > = i + 1； j - - ） 后，写出程序的运行结果。

5. 阅读程序回答相应问题。

```
int fun(int m,int x[ ])
{   int t,k =0;
    do
    {   t = m%2;
        x[k++] = t;
        m/ =2;
    }while(m! =0);
      return k;
}
main( )
{   int a[20],x,i,k;
    scanf("%d",&x);
    k = fun(x,a);
    for (i = k -1;i > =0;i - - )
       printf("%d",a[i]);
    printf("\n");
}
```

1）程序的功能是什么？

2）若输入 30 后，写出程序的运行结果。

**五、改错题**

1. 下面 add( ) 函数的功能是求两个参数的和，并将和值返回调用函数。函数中错误的部分 ________ 应改为 ________。

```
1) void add (float a, float b)
2) { float c;
3)     c = a + b;
4)     return c;
5)   }
```

2. 下面函数用于求 n!（n 的值大于9）。函数中错误的部分 ________ 应改为 ________。

```
1) fac (int n)
2) {    int f, k;
3)        for (k =1; k < =n; k ++)
4)            f* =k;
5)     return f;
6) }
```

**六、编程题（利用函数实现）**

1. 已有变量定义“double a =5.0，int n =5;”和函数调用语句“mypow (a, n);”，用于求 $a^n$。请编写 doubld mypow (double x, int n) 函数。

```
double mypow(double x,int n)
{   }
```

2. 求 $S = a + aa + aa + \cdots + \overbrace{aa}^{n\text{个}}$的值，其中 a 是一个数字。例如，2 + 22 + 222 + 2222 + 22222（此时 n 为 5），n 由键盘输入。

3. 写编一个函数，输入一行字符，将此字符串中最长的单词输出。

4. 用递归法将一个整数 n 转换成字符串。例如，输入 483，应输出字符串"483"，n 的位数不确定，可以是任意位数的整数。

# 第 8 章　编译预处理

C 语言提供编译预处理的功能，这是它与其他高级语言的一个重要区别。本章主要介绍宏定义、文件包含、编译预处理的使用。通过本章的学习，应掌握宏定义的方法；掌握文件包含处理的方法；了解条件编译的方法。

本章知识体系结构：

- 编译预处理
  - 宏定义
    - 不带参数的宏定义　#define 标识符字符串
    - 带参数的宏定义　#define 宏名（参数表）字符串
  - 文件包含 #include <文件名> 或 #include "文件名"
  - 条件编译
    - #ifdef　标识符　程序段 1　#else 程序段 2　#endif
    - #ifndef　标识符　程序段 1　#else 程序段 2　#endif
    - #if 表达式　程序段 1　#else　程序段 2　#endif

重点：掌握宏定义和文件包含。

## 8.1　宏定义

本节介绍不带参数和带参数宏定义的使用及注意事项，以及宏定义和函数调用的区别。

### 8.1.1　不带参数的宏定义

用一个指定的标识符（即名字）来代表一个字符串，它的一般形式为：

```
#define 标识符 字符串
```

这种方法使用户能以一个简单的名字代替一个长的字符串，因此把这个标识符（名字）称为宏名。在预编译时，将宏名替换成字符串的过程称为宏展开。#define 是宏定义命令。

### 8.1.2　带参数的宏定义

带参数的宏定义不是进行简单的字符串替换，还要进行参数替换，其定义的一般形式为：

```
#define 宏名(参数表) 字符串
```

## 8.2　文件包含

所谓文件包含，是指一个源文件可以将另外一个源文件的全部内容包含进来，即将另外的文件包含到本文件之中。C 语言提供了#include 命令，用来实现文件包含操作，其一般形式为：

```
#include <文件名>
```

或

```
#include"文件名"
```

## 8.3 条件编译

一般情况下，源程序中的所有行都参加编译。但特殊情况下，可能需要根据不同的条件，编译源程序中的不同部分。也就是说，对源程序的一部分内容给出一定的编译条件。这种方式称为条件编译。

条件编译命令主要包括以下几种形式。

形式一：

```
#ifdef 标识符
程序段 1
#else
程序段 2
#endif
```

作用是：如果指定的标识符已经被#define 定义过，则只编译程序段 1，否则编译程序段 2。

形式二：

```
#ifndef 标识符
  程序段 1
#else
  程序段 2
#endif
```

作用是：如果指定的标识符没有被#define 定义过，则编译程序段 1，否则编译程序段 2。

形式三：

```
#if 表达式
  程序段 1
#else
  程序段 2
#endif
```

作用是：如果指定的表达式的值为“真”，则编译程序段 1，否则编译程序段 2。

## 8.4 实验

### 编译预处理

**【实验目的和要求】**

1）掌握宏定义：不带参数的宏定义和带参数的宏定义。

2）能够正确应用文件包含。

**【实验内容】**

**1. 分析题**

1）输入下面的程序并运行。

```
#define PI 3.1415926
#define S(r) PI * r * r
float S1(int r)
{   return PI * r * r;
}
main()
{   printf("%f\n",S(2));
    printf("%f\n",S(1+1));
    printf("%f\n",S1(2));
    printf("%f\n",S1(1+1));
}
```

2）写出下面程序的输出结果。

```
#define PR(ar) printf("%d",ar)
main()
{   int j,a[]={1,3,5,7,9,11,13,15},i=5;
    for(j=3;j;j--)
    switch(j)
    {   case 1:
        case 2: PR(a[++i]); break;
        case 3: PR(a[--i]);
    }
}
```

**2. 改错题**

下面程序中，函数fun()的功能是：计算函数F(x,y,z)=(x+y)/(x-y)+(z+y)/(z-y)的值。例如当x=9,y=11,z=15时，函数值为-3.50。请改正程序中的错误，使程序能输出正确的结果。

```
#define FU(m,n) (m/n)
float fun(float x,y,z)
{   float v;
    v=FU(x+y,x-y)+FU(z+y,z-y);
    return v;
}
main()
{   float a,b,c,s;
    printf("input a,b,c=");
    scanf("%f%f%f", &a, &b, &c);
```

```
    if(x == y||z == y)
    {   printf("Data error! \n");
        exit(0);
    }
    s = fun(a,b,c);
    printf("The result is:%5.2f\n",s);
}
```

**3. 编程题**

1）定义一个宏，将大写字母转换成相应的小写字母。

2）定义一个宏，交换两个参数的值。

3）定义带参数的宏，同时计算半径为 r 的圆内接正三角形、正方形和正六边形的面积。

## 8.5 习题

### 一、选择题

1. C 语言编译系统对宏定义的处理是________。

   A. 和其他 C 语言语句同时进行　　B. 在对其他成分正式编译之前处理的

   C. 在程序执行时进行　　D. 在程序连接时处理的

2. 以下对宏替换的叙述，不正确的是________。

   A. 宏替换只是字符的替换

   B. 宏替换不占运行时间

   C. 宏名无类型，其参数也无类型

   D. 宏替换时，先求出实参表达式的值，然后代入形参运算求值

3. 宏定义#define G 9.8 中的宏名 G 代替________。

   A. 一个单精度实数　　B. 一个双精度实数

   C. 一个字符串　　D. 不确定类型的数

4. 有宏定义：

```
#define K 2
#define X(k) ((K+1)*k)
```

   当 C 语言程序中的语句“y=2*(K+X(5));”被执行后________。

   A. y 中的值不确定　　B. y 中的值为 65

   C. 语句报错　　D. y 中的值为 34

5. 以下程序的运行结果是________。

```
#define MIN(a,b) (a)<(b)? (a):(b)
main()
{   int m=10,n=15,k;
    k=10*MIN(m,n);
    printf("%d\n",k);
}
```

A. 30　　　　　B. 180　　　　　C. 15　　　　　D. 200

6. 以下不正确的叙述是________。

A. 一个 include 命令只能指定一个被包含文件

B. 文件包含是可以嵌套的

C. 一个 include 命令可以指定多个被包含文件

D. 在#include 命令中，文件名可以用双引号或尖括号括起来

7. 以下程序的输出结果是________。

```
#define FMT "%d"
main()
{   int b[][4] = {1,3,5,7,9,11,13,15,17,19,21,23};
    printf(FMT, *( *(b+1)+1));
    printf(FMT,b[2][2]);
}
```

A. 1，11，　　　B. 1，11　　　C. 11，21，　　　D. 1121

8. 若有如下宏定义：

```
#define X 5
#define Y X+1
#define Z Y*X/2
```

则执行以下 printf 语句后，输出结果是________。

```
int a; a=Y;
printf("%d\n",Z);
printf("%d\n",--a);
```

A. 7<br>6　　　B. 12<br>6　　　C. 7<br>5　　　D. 12<br>5

9. 若有宏定义：

```
#define MOD(x,y) x%y
```

则执行以下程序段的输出结果为________。

```
int z,a=15,b=100;
z=MOD(b,a);
printf("%d\n",z++);
```

A. 11　　　B. 10　　　C. 6　　　D. 宏定义不合法

10. 在文件包含预处理语句的使用形式中，当#include 后面的文件名用" "（双引号）括起，寻找被包含文件的方式为________。

A. 直接按系统设定的标准方式搜索目录

B. 先在源程序所在目录搜索，再按系统设定的标准方式搜索

C. 仅仅搜索源程序所在的目录

D. 仅仅搜索当前目录

11. 以下叙述中不正确的是________。

A. 预处理命令行都必须以“#”号开始

B. 在程序中凡，是以“#”号开始的语句行都是预处理命令行

C. C 语言程序在执行过程中对预处理命令行进行处理

D. 以下是正确的宏定义

```
#define IBM. PC
```

12. 以下叙述正确的是________。

A. 在程序的一行上可以出现多个预处理命令行

B. 预处理行是 C 语言的合法语句

C. 被包含的文件不一定以 .h 作为扩展名

D. 在以下定义中，CR 是称为宏名的标识符

```
#define CR 37.6921
```

13. 下面描述中正确的是________。

A. C 语言中，预处理是指完成宏替换和文件包含指定文件的调用

B. 预处理指令只能位于 C 语言源程序文件的首部

C. 凡是 C 语言源程序中行首以“#”标识的控制行都是预处理指令

D. 预处理就是完成 C 语言编译程序对源程序的第一遍扫描，为编译的词法分析和语法分析做准备

14. 下面程序的输出结果是________。

```
#include <stdio.h>
#include <math.h>
#define POWER(x,y) pow(x,y) * y
#define ONE 1
#define SELEVE_ADD(x)  ++x
main()
{   int x = 2;
    printf("%f\n",POWER(SELEVE_ADD(x),ONE + 1));
}
```

A. 5.000000　　B. 10.000000　　C. 18.000000　　D. 以上答案均不正确

15. 已知下面的程序段，正确的判断是________。

```
#define A 3
#define B(a) ((A+1) * a)
X = 3 * (A + B(7));
```

A. 程序错误，不允许嵌套定义　　B. X = 93

C. X = 21　　D. 程序错误，宏定义不允许有参数

16. 下列程序的运行结果是________。

```
#define PI 3.141593
```

```
#include < stdio. h >
main( )
{ printf( " PI = % f\n" ,PI) ; }
```

A. 3. 141593 = 3. 141593　　B. PI = 3. 141593

C. 3. 141593 = PI　　D. 程序有误，无结果

17. 以下程序的运行结果为________。

```
#define PT 3. 5
#define S(x) PT * x * x
main( )
{   int a = 1 ,b = 2 ;
    printf( " %4. 1f\n" ,S( a + b) ) ;
}
```

A. 14. 0　　B. 31. 5　　C. 7. 5　　D. 10. 5

18. 下列程序段中存在错误的是________。

A. #define array_size 100
   int array1[ array_size]

B. #define PI 3. 14159
   #define S( r) PI * ( r) * ( r)
   area = S(3. 2)

C. #define PI 3. 14159
   #define S( r) PI * ( r) * ( r)
   area = S( a + b)

D. #define PI 3. 14159
   #define S( r)PI * ( r) * ( r)
   area = S( a)

19. 下述程序在执行时输入 5，则程序运行结果为________。

```
#include < stdio. h >
#define N 2
void main( )
{   int n;
    scanf( " % d" ,&n) ;
    #if N > 0
      printf( " 1 \n" ) ;
    #else
      printf( " - 1 \n" ) ;
    #endif
    #ifdef EOF
      printf( " % d" ,EOF) ;
    #endif
}
```

A. -1
   1

B. 1
   -1

C. 1

D. -1
   1

20. 从下列选项中选择不会引起二义性的宏定义是________。

A. #define power( x) x * x　　B. #define power( x) ( x) * ( x)

C. #define power(x) (x * x)　　　　D. #define power(x) ((x) * (x))

21. 下面程序的输出结果为________。

```
#include < stdio. h >
#define FUDGE(y) 2.84 + y
#define PR(a) printf("%d",(int)(a));
#define PRINTl(a) PR(a);putchar('\n')
main()
{  int x = 2;
   PRINTl(FUDGE(5) * x);
}
```

A. 11　　　　B. 12　　　　C. 13　　　　D. 15

22. 以下程序的运行结果为________。

```
#define MAX(x,y) (x) > (y)? (x):(y)
main()
{  int a = 1,b = 2,c = 3,d = 2,t;
   t = MAX(a + b,c + d) * 100;
   printf("%d\n",t);
}
```

A. 500　　　　B. 5　　　　C. 3　　　　D. 300

23. 执行下列语句后的结果是________。

```
#define N 2
#define Y(n) ((N + 1) * n)
z = 2 * (N + Y(5));
```

A. 语句有错误　　　　B. z = 34　　　　C. z = 70　　　　D. z 无定值

24. C 语言程序设计中，宏定义有效范围从定义处开始，到源文件结束处结束。但可以用来提前解除宏定义作用的是________。

A. #ifndef　　　　B. endif　　　　C. #undefined　　　　D. #undef

## 二、填空题

1. 有以下宏命令和赋值语句，宏置换后赋值语句的形式是________。

```
#define A 3 +5
p = A * A;
```

2. 以下 for 循环的循环次数是________。

```
#include "stdio. h"
#define N 2
#define M N + 1
#define NUM (M + 1) * M/2
main()
{  int i,n = 0;
```

```
    for(i = 1;i < = NUM;i ++ )
    {  n ++ ;printf(" % d" ,n) ;}
       printf(" \n") ;
    }
```

3. 设有宏定义如下：

```
#define MIN(x,y) (x) > (y)? (x):(y)
#define T(x,y,r) x * r * y/4
```

则执行以下语句后，s1 的值为 ________，s2 的值为 ________。

```
int a = 1,b = 3,c = 5,s1,s2;
sl = MIN(a + b,b - a);
s2 = T(a++ ,a * ++b,a + b + c);
```

4. 请读程序：

```
#include < stdio. h >
#define BOT ( -2)
#define TOP (BOT +5)
#define PRI(a) printf(" % d\n" ,a)
#define FOR(a) for( ;(a);(a) - - )
main( )
{  int k,j;k = BOT,j = TOP;
   FOR(j)
   switch(j)
   {  case 1:PRI(k ++ );
      case 2:PRI(j);break;
      default:PRI(k);
   }
}
```

执行 for 循环时，j 的初值是________，终值是 ________。

5. 设有以下宏定义：

```
#define WIDTH 80
#define LENGTH WIDTH +40
```

则执行赋值语句“v = LENGTH * 20;”（v 为 int 型变量）后，v 的值是 ________。

6. 语句“#define F(n)((n) ==1? 1:(n * F(n) -1))”的错误原因是 ________。

7. 以下程序完成 a 与 b 的互换，补全程序。

```
#define swap(a,b,t) t = a,a = b,b = t
main( )
{  int a,b,d;
   scanf(" % d% d" ,&a,&b);
   ________
```

```
    printf("%d,%d",a,b);
}
```

8. 以下程序用带参数的宏定义完成求两个数的商，错误的语句是 ________，该修改为 ________。

```
#define M(x,y)(x/y)
main()
{  int a=2,b=3,c=0,d=5,x;
   x=M(a+b,c+d);
   printf("%d",x);
}
```

9. 设有以下程序，为使之正确运行，请在横线中填入应包含的命令行（注：me()函数在 a:\myfile.txt 中有定义）。

```
________
main()
{   printf("\n");
    me();
    printf("\n");
}
```

三、分析程序题

1. 下列程序的运行结果是 ________。

```
#define DOUBLE(r) r*r
main()
{   int x=2,y=1,z;
    z=DOUBLE(x+y);
    printf("%d\n",z);
}
```

2. 下列程序的运行结果是 ________。

```
#define MAX(a,b) (a>b? a:b)
main()
{   int x=7,y=9;
    printf("%d\n",MAX(x,y));
}
```

3. 下列程序的运行结果是 ________。

```
#define PRINT(V) printf("V=%d\t",V)
main()
{   int x,y;
    x=1;y=2;
    PRINT(x);
```

```
    PRINT(y);
}
```

4. 下列程序的运行结果是 ________。

```
#define PR printf
#define NL "\n"
#define D "%d"
#define D1 D NL
#define D2 D D NL
main()
{   int x=1,y=2;
    PR(D1,x);
    PR(D2,x,y);
}
```

5. 执行文件 file2. c 后，运行结果是 ________。

1）文件 file1. c 的内容为：

```
#define PI 3.14
float circle(float r)
{   float area=PI*r*r;
    return(area);
}
```

2）文件 file2. c 的内容为：

```
#include "file1.c"
main()
{   float r=1;
    printf("area=%f\n",circle(r));
}
```

6. 下列程序的运行结果是 ________。

```
#define PR(a) printf("\%d\t",(int)(a))
#define PRINT(a) PR(a);printf("ok!")
main()
{   int k,a=1;
    for (k=0;k<3;k++)
        PRINT(a+k);
    printf("\n");
}
```

7. 下列程序的运行结果是 ________。

```
#define PR(a) printf("%d",a)
main()
```

```
{   int j,a[] = {1,3,5,7,9,11,13,15},i = 5;
    for(j = 3;j;j - - )
    switch(j)
    {   case 1:
        case 2:PR(a[i ++ ]);break;
        case 3:PR(a[ - -i]);
    }
}
```

8. 下列程序的运行结果是 ________。

```
#define MUL(z) (z) * (z)
main()
{   printf("%d\n",MUL(1 +2) +3); }
```

9. 下列程序的运行结果是 ________。

```
#define POWER(x) ((x) * (x))
main()
{   int i = 1;
    while(i <4)
        printf("%d\t",POWER(i ++ ));
    printf("\n");
}
```

**四、编程题**

1. 输入两个整数，求它们相除的余数。用带参的宏来实现。

2. 定义一个带参的宏 swap（x，y），以实现两个整数之间的交换，并利用它将一维数组 a 和 b 的值进行交换。

3. 写出一个宏定义，用于判断输入的一个字符是否是数字，若是得 1，否则得 0。

4. 设计不同的输出格式，用一个文件 fomat. h 存放。要求：

1）实数用 6. 2f% 格式输出。

2）整数用十六进制格式。

3）字符串用 – ms% 格式。然后编写一个程序，使用这些格式。

5. 定义一个宏，判别给定年份 year 是否为闰年，并在用于判别年份是否为闰年的程序中使用这个宏。

# 第 9 章　指　针

本章介绍指针的概念及使用。通过本章的学习，应掌握指针与指针变量的概念；熟练使用指针与地址运算符；掌握变量、数组、字符串、函数、结构体的指针，以及指向变量、数组、字符串、函数、结构体的指针变量；通过指针，引用以上各类型数据；掌握用指针做函数参数；掌握返回指针值的指针函数；掌握指针数组，指向指针的指针，main( )函数的命令行参数等。

本章知识体系结构：

- 指针
  - 指针的概念
  - 数组的指针和指向数组的指针变量
    - 指向数组元素的指针
    - 通过指针引用数组元素
    - 用数组名做函数参数
    - 指向多维数组的指针和指针变量
  - 字符串的指针
  - 函数的指针和指向函数的指针变量
    - 用函数的指针变量调用函数
    - 把指向函数的指针变量做函数参数
  - 指针数组和指向指针的指针
  - main 函数的命令行参数

重点：指向变量的指针、数组的指针、指向数组的指针、字符串指针，以及利用指针处理字符串。

难点：本章是本书的难点。

## 9.1　相关概念

本节介绍数据在内存中的存储及访问方式，主要介绍指针的概念。

### 9.1.1　变量的地址

如果在程序中定义了一个变量，编译时，就给这个变量分配内存单元。系统根据程序中定义的变量类型，分配一定长度的空间。按 C 语言的规定，可以在程序中定义整型变量、实型变量和字符变量等，也可以定义一种特殊的变量，它是存放地址的。

### 9.1.2　数据的访问方式

在程序中，一般通过变量名来对内存单元进行存取操作。其实，程序经过编译后已经将变量名转换为变量的地址，对变量值的存取都是通过地址进行的。这种按变量地址存取变量值的方式称为直接访问方式。

可以采用另一种间接访问的方式，将变量的地址存放在一种特殊的变量中，这种变量称为指针变量，这种变量专门用来存放其他变量的地址。间接访问方式：先找到存放要操作变量的地址变量，从中取出变量的地址，然后到此地址开始的单元中取出变量的值。

### 9.1.3 指针和指针变量

通过地址能找到所需的变量单元，可以说，地址指向该变量单元。

在 C 语言中，将地址形象化地称为“指针”。意思是通过它能找到以它为地址的内存单元。一个变量的地址称为该变量的指针。如果有一个变量专门用来存放另一个变量的地址(即指针)，则它称为指针变量。

## 9.2 指针变量的定义和使用

本节介绍指针变量的定义、引用、赋值，以及指针的运算。

### 9.2.1 指针变量的定义

定义指针变量的一般形式为：

基类型 *指针变量名

### 9.2.2 指针变量的初始化和赋值

**1. 通过求地址运算符（&）获得地址值**

例如，有定义：

```
int k =1, *q;
```

则赋值语句：

```
q = &k;
```

把变量 k 的地址赋给了 q。

**2. 通过指针变量获得地址值**

通过赋值运算，把一个指针变量的值赋给另一个指针变量，使这两个指针指向同一个地址。

例如，有定义“int k, *p = &k, *q;”,则语句“q = p;”使指针变量 q 中也存放变量 k 的地址，即变量 p 和变量 q 都指向 k。

**3. 通过调用库函数获得地址值**

可以通过调用库函数 malloc 和 calloc，将在内存中开辟的动态存储单元的地址赋给指针变量。

**4. 给指针变量赋空值**

当执行“p = NULL;”后，称 p 为空指针。“p = NULL;”等价于“p = 0;”或“p = '\0';”，这时，指针不指向地址为 0 的单元，而是有一个确定的值——空，不指向任何单元。

### 9.2.3 指针变量的引用

与指针变量有关的运算符有：

1）&：取地址运算符。

2）*：指针运算符（或称为间接访问运算符）。

“&”和“ * ”两个运算符的优先级别相同，按自右至左的方向结合。

### 9.2.4 指针的运算

**1. 在指针值上加减一个整数**

指针变量的加减运算只能对指向数组或字符串的指针变量进行。指针变量加或减一个整数 n 的意义是：把指针指向的当前位置（指向某数组元素）向前或向后移动 n 个位置。

**2. 指针变量的减法运算**

指针变量的减法运算规则如下：

指针变量 1 – 指针变量 2

只有指向同一个数组的两个指针变量之间才能进行减法运算，否则运算毫无意义。两个指针变量相减所得之差是两个指针所指数组元素之间相差的元素个数。

**3. 指针变量的关系运算**

指向同一个数组的两个指针变量进行关系运算，可表示它们所指数组元素之间的关系。指针变量的关系运算规则如下：

指针变量 1 关系运算符 指针变量 2

## 9.3 指针变量做函数参数

本节介绍指针变量做函数的参数，讲解指针变量做函数参数时参数的传递过程。

函数的参数不仅可以是整型、实型和字符型等数据，还可以是指针类型。它的作用是将一个变量的地址传送到另一个函数中。

一个函数只能带回一个返回值，如果想通过函数调用得到 n 个要改变的值，可以按如下方法操作：

1）在主调函数中设 n 个变量。

2）将这 n 个变量的地址作为实参传给所调用函数的形参。

3）通过形参指针变量，改变该 n 个变量的值。

4）主调函数中就可以使用这些改变了值的变量。

## 9.4 数组的指针和指向数组的指针变量

本节介绍数组指针的概念、指向数组元素的指针及通过指针引用数组元素，还介绍用数组名做函数参数时的参数传递及用数组名做函数参数的使用。在此基础上，介绍指向多维数组的指针和指针变量的使用。

所谓数组的指针，是指数组的起始地址，数组元素的指针是数组元素的地址。

引用数组元素可以用下标法（如 a[3]），也可以用指针法，即通过指向数组元素的指针找到所需的元素。使用指针法能提高目标程序的质量（占内存少，运行速度快）。

## 9.4.1 指向数组元素的指针

定义一个指向数组元素的指针变量，其方法与之前介绍指向变量的指针变量相同。

## 9.4.2 通过指针引用数组元素

有定义“int a[10], *p=&a;”,则如果 p 的初值为 &a[0]，则：

1）p+i 和 a+i 就是 a[i]的地址。

2）*(p+i)或*(a+i),是 p+i 或 a+i 所指向的数组元素，即 a[i]。

3）指向数组的指针变量也可以带下标,如 p[i]与*(p+i)等价。根据以上叙述,引用一个数组元素,可以用如下两种方法。

- 下标法，如 a[i]形式。
- 指针法，如*(a+i)或*(p+i)。

4）当指针指向一串连续的存储单元时，可以对指针进行加上或减去一个整数的操作，这种操作称为指针的移动。例如“p++;”或“p--;”都可以使指针移动。移动指针后，指针不应超出数组元素的范围。

5）指针不允许进行乘、除运算。移动指针时，不允许加上或减去一个非整数，对指向同一串连续存储单元的两个指针只能进行相减操作。

## 9.4.3 数组名做函数参数

用变量名做函数参数和用数组名做函数参数的比较，如表 9-1 所示。

表 9-1 变量名和数组名做函数参数的比较

| 实参类型 | 变量名 | 数组名 |
|---|---|---|
| 要求形参的类型 | 变量名 | 数组名或指针变量 |
| 传递的信息 | 变量的值 | 数组的起始地址 |
| 通过函数调用能否改变实参的值 | 不能 | 能 |

在 C 语言中，调用函数时，虚实结合的方法都是采用“值传递”方式。当用变量名作为函数参数时，传递的是变量的值；当用数组名作为函数参数时，由于数组名代表的是数组起始地址，因此传递的值是数组首地址，所以要求形参为指针变量。

实参数组代表一个固定的地址，或者说是指针型常量，而形参数组并不是一个固定的地址值。作为指针变量，在函数调用开始时，它的值等于实参数组起始地址。但在函数执行期间，它可以再被赋值。

## 9.4.4 指向多维数组的指针与指针变量

用指针变量可以指向一维数组，也可以指向多维数组。但在概念上和使用上，多维数组的指针比一维数组的指针要复杂一些。

设已定义二维数组 a：

```
int a[3][4] = {{1,3,5,7},{9,11,13,15},{17,19,21,23}};
```

应清楚以下几点：

1）a 是二维数组名，是二维数组的起始地址（设地址为 2000）。也可以说，a 指向 a 数组第 0 行，a 也是 0 行首地址。

2）a+1 是 a 数组第 1 行首地址，或者说 a+1 指向第 1 行（地址为 2008）。

3）a[0]、a[1]、a[2]是二维数组中 3 个一维数组（即 3 行）的名称，因此它们也是地址（分别是 0 行、1 行、2 行的首地址）。一定不要把它们错认为是整型数组元素。

例如，a[0]指向 0 行 0 列元素，a[0] 的值为地址 2000。

4）a[i]+j 是 i 行 j 列元素的地址，*(a[i]+j)是 i 行 j 列元素的值。如 a[0]+2 和 *(a[0]+2) 分别是 0 行 2 列元素的地址和元素的值。

5）a[i]与 *(a+i)无条件等价，这两种写法可以互换。如 a[2]和 *(a+2)都是 2 行首地址，即 2 行 0 列元素的地址，即 &a[2][0]。

6）a[i][j]、*(a[i]+j)和 *(*(a+i)+j)都是 i 行 j 列元素的值。

7）区别行指针与列指针的概念。例如 a+1 和 a[1]都代表地址 2008。但 a+1 是行指针，它指向一个一维数组。a[1]（即 *(a+1)）是列指针，指向一个元素，是 1 行 0 列元素的地址。

8）可以定义指向一维数组的指针变量，如：

```
int (*p)[4];     /*称 p 为行指针*/
```

定义 p 为指向一个含 4 个元素的一维数组指针变量。请区分指向数组元素的指针变量和指向一维数组的指针变量。

一维数组的地址可以作为函数参数传递，多维数组的地址也可作为函数参数传递。用指针变量做形参，以接受实参数组名传递来的地址时，有两种方法：一种方法是用指向变量的指针变量，另一种方法是用指向一维数组的指针变量。

## 9.5 字符串的指针和指向字符串的指针变量

本节介绍字符串的两种表示形式，并对使用字符指针变量与字符数组进行讨论。还介绍用字符指针做函数参数时的参数传递及用字符指针名做函数参数的使用。

### 9.5.1 字符串的表示形式

在 C 语言程序中，可以用两种方法实现一个字符串。

1）用字符数组实现。

2）用字符指针实现。

可以不定义字符数组，而定义一个字符指针。用字符指针指向字符串中的字符。

### 9.5.2 对使用字符指针变量与字符数组的讨论

虽然用字符数组和字符指针变量都能实现字符串的存储和运算，但二者之间是有区别的，不应混为一谈，主要区别有以下几点：

1）字符数组由若干个元素组成，每个元素中存放一个字符。而字符指针变量中存放的是地址（字符串的首地址），绝不是将字符串放到字符指针变量中。

2）字符数组只能对各个元素赋值，不能对字符数组赋值。而对字符指针变量，可以赋值，取得的是字符串的首地址。

3）定义一个数组，在编译时即已分配内存单元，有固定的地址。而定义一个字符指针变量时，给指针变量分配内存单元，在其中可以存放一个地址值，也就是说，该指针变量可以指向一个字符型数据，但如果未对它赋一个地址值，则它并未具体指向哪一个字符数据。

4）指针变量的值可以改变。

5）用指针变量指向一个格式字符串，可以用它代替 printf( )函数中的格式字符串。

### 9.5.3 字符串指针做函数参数

将一个字符串从一个函数传递到另一个函数，可以用地址传递的方式，即用字符数组名或用指向字符串的指针变量做参数。和前面介绍的数组一样，函数的首部有 3 种说明形式，而且形参也是指针变量。在被调用的函数中可以改变字符串的内容，在主调函数中可以得到改变了的字符串。

## 9.6 函数的指针和指向函数的指针变量

本节介绍函数指针的概念，以及用函数指针变量调用函数的方法；还介绍用指向函数的指针变量做函数参数的用法。

### 9.6.1 用函数的指针变量调用函数

可以用指针变量指向整型变量、字符串和数组，也可以指向一个函数。一个函数在编译时被分配给一个入口地址，这个入口地址就称为函数的指针。可以用一个指针变量指向函数，然后通过该指针变量调用此函数。

指向函数的指针变量的一般定义形式为：

```
数据类型标识符（ * 指针变量名）(类型参数1,类型参数2…)；
```

### 9.6.2 指向函数的指针变量做函数参数

函数的指针变量也可以作为参数，以便实现函数地址的传递，也就是将函数名传给形参。

## 9.7 返回指针值的函数

本节介绍返回指针值函数的使用。

一个函数不仅可以带回简单类型的数据，而且可以带回指针型的数据，即地址。

## 9.8 指针数组和指向指针的指针

本节介绍指针数组的概念，如何使用指向指针的指针及 main( )函数的命令行参数。

### 9.8.1 指针数组的概念

一个数组，其元素均为指针类型数据，称为指针数组。也就是说，指针数组中的每一个元素都是指针变量。指针数组的定义形式为：

类型标识符 *数组名[数组长度说明]

### 9.8.2 指向指针的指针

指针变量也有地址，这地址可以存放在另一个指针变量中。如果变量 p 中存放了指针变量 q 的地址，那么 p 就指向指针变量 q。指向指针数据的指针变量，简称为指向指针的指针。一个指向某种数据类型指针数据的指针变量的形式如下：

类型 **指针变量名;

### 9.8.3 main()函数的命令行参数

实际上,main()函数可以有参数，例如：

```
main(int argc,char **argv)
```

argc 和 argv 就是 main()函数的形参。main()函数是由系统调用的,当处于操作命令状态下，输入 main()函数所在的文件名（经过编译、连接后得到的可执行文件名），系统就调用 main()函数。它的实参从命令行得到。命令行的一般形式为：

命令名 参数1 参数2 …参数n

## 9.9 实验

### 9.9.1 指针的使用

【实验目的和要求】

1）理解指针的概念。

2）掌握指针的定义和使用方法。

3）理解字符串和数组的物理存储结构。

4）能熟练使用指针，进行与数组和字符串相关的编程。

【实验内容】

1. 分析题

1）分析下面程序的输出结果，并验证分析结果是否正确。

```
main()
{   int a[] = {1,2,3,4,5,6};
    int *p;
    p = a;
```

```
    printf("%d,", *p);
    printf("%d,", *(++p));
    printf("%d,", * ++p);
    printf("%d,", *(p--));
    p += 3;
    printf("%d,%d\n", *p, *(a+3));
}
```

运行结果：1，2，3，3，5，4

2）分析下面程序的输出结果，并验证分析结果是否正确。

```
main()
{   int x[5] = {2,4,6,8,10}, *p, **pp;
    p = x;
    pp = &p;
    printf("%d", *(p++));
    printf("%3d\n", **pp);
}
```

3）分析下面程序的输出结果，并验证分析结果是否正确。

```
#include"stdio.h"
main()
{   char s[20] = "goodgood", *sp = s;
    sp = sp + 2;
    printf("%s",sp);
    sp = "to";
    puts(s);
}
```

4）分析下面程序的输出结果，并验证分析结果是否正确。

```
main()
{   static char a[] = "language",b[] = "program";
    char *ptr1 = a, *ptr2 = b;
    int k;
    for(k = 0;k < 7;k ++)
      if( *(ptr1 + k) == *(ptr2 + k))
        printf("%c", *(ptr1 + k));
}
```

**2. 填空题**

下面的程序从终端读入一行，作为字符串放在字符数组中，然后输出。请从对应的一组选项中，选择正确的输入。

```
#include"stdio.h"
#include"ctype.h"
```

```
main()
{   char s[81], *sp;
    int i;
    for(i=0;i<80;i++)
    {   s[i]=getchar();
        if(s[i]=='\n')
            break;
    }
    s[i]= ________;
    sp= ________;
    while(*sp)
      putchar(*sp ________);
}
```

**3. 改错题**

1）想输出a数组中10个元素的值，能否用下面的程序？请修改。

```
main()
{   static int a[10]={1,2,3,4,5,6,7,8,9,10};
    int k;
    for(k=0;k<10;k++,a++)
      printf("%3d",*a);
    printf("\n");
}
```

2）想要输出字符c，能否用下面的程序？请修改。

```
main()
{   char *s="abcde";
    s+=2;
    printf("%c",s);
}
```

**4. 编程题**

1）编写一个程序，用指针比较两个字符串的大小。

2）编写一个程序，使用指针实现一个二维数组的行、列对调。

3）已知两个数组中，分别存放有序数列。试编写程序，将这两个数列合并成一个有序数列。合并时，不得使用重新排序的方法。

4）输入一行文字，统计其中字母、数字及其他字符各有多少。

5）编写一个程序，输入月份号，输出该月的英文月份名。例如，输入3，则输出"March",要求用指针数组处理。

## 9.9.2 指针做函数参数

**【实验目的和要求】**

1）理解指针在函数中的应用。

2）掌握函数的定义规则和调用规则，掌握函数的参数传递规则。

**【实验内容】**

**1. 分析题**

1）分析下面程序的输出结果，并验证分析结果是否正确。

```
#include"stdio.h"
ptarr(int *data)
{   int i;
    int tdata[] = {2,4,6,8,10};
    for(i=0;i<5;i++)
    {   printf("%d\t",data[i]);
        data[i] = tdata[i];
    }
}
main()
{   int i;
    int data[] = {1,3,5,7,9};
    ptarr(data);
    for(i=0;i<5;i++)
       printf("%d\t",data[i]);
}
```

2）分析下面程序的输出结果，并验证分析结果是否正确。

```
fun(int *p1,int *p2)
{   if(*p1 > *p2)
        printf("%d\n",*p1);
    else printf("%d\n",*p2);
}
main()
{   int a=3,b=7;
    fun(&a,&b);
}
```

3）下面的程序生成可执行文件 e24. exe，写出 DOS 命令行 e24 BASIC dBASE FOR—TRAN 的运行结果。

```
main(int argc,char *argv)
{   while(argc-->1)
    printf("%s\n",*++argv);
}
```

4）以下程序在屏幕上将输出的信息是 ________。

设程序的文件名为"c8. c"。

```
main(int argc,char *argv[])
```

```
{   while(argc >1)
    {    ++argv;
        printf("%s\n", *argv);
        --argc;
    }
}
```

编译后，在 DOS 命令状态下输入以下命令行：

```
c8 C Language
```

**2. 填空题**

下述程序在不移动字符串的条件下，对 n 个字符指针所指的字符串进行升序排序。

```
#include"stdio.h"
void sort(chat *sa[],int n)
{  int i,j,k;
   for(i=0;i<n-1;i++)
   {  for(j=j+1;j<n;j++)
         if( ________ )
            k=j;
         if(i!=k)
         {  char *t= ________;
            ________;
            sa[k]=t;
         }
   }
}
```

**3. 改错题**

1）要输出字符串"Japan"，能否用下面的程序？请修改。

```
main()
{   char s[]={"China","Japan","Franch","England"};
    char **p;
    int i;
    p=s+3;
    printf("s\n",*p);
}
```

2）想使指针变量 pt1 指向 a 和 b 中的大者，pt2 指向小者，以下程序能否实现此目的？

```
swap(int *p1,int *p2)
{
    int *p;
    p=p1;p1=p2;p2=p;
}
```

```
main()
{
    int a,b;
    scanf("%d,%d",&a,&b);
    pt1 = &a;pt2 = &b;
    if(a < b)
      swap(pt1,pt2);
    printf("%d,%d\n",*pt1,*pt2);
}
```

上机调试此程序。如果不能实现题目要求，指出原因，并修改。

**4. 编程题**

1）在主函数中输入10个等长的字符串，用另一个函数对它们排序，然后在主函数输出这10个已排好序的字符串。

2）编写一个函数，删除字符串中指定位置上的字符。删除失败时，给出信息。

3）编写一个函数，判断一个字符串是不是回文。若是，返回1；否则，返回0。回文是指顺读和倒读都一样的字符串，例如，level是回文。

4）编写一个函数，将一个3×3的矩阵转置。

5）编写一个程序，将字符串中第m个字符开始的全部字符复制成另一个字符串。要求在主函数中输入字符串及m的值，并输出复制结果，在被调用函数中完成复制。

## 9.10 习题

### 一、选择题

1. 以下程序的输出结果是________

```
main()
{   int k = 2,m = 4,n = 6;
    int *pk = &k, *pm = &m, *p;
    *(p = &n) = *pk *( *pm);
    printf("%d\n",n);
}
```

A. 4　　B. 6　　C. 8　　D. 10

2. 设有定义“int a = 3,b, *p = &a;”，则下列语句中，使b不为3的语句是________。

A. b = *&a;　　B. b = *p;　　C. b = a;　　D. b = *a;

3. 设指针x指向的整型变量值为25，则“printf("%d\n", ++ *x);”的输出量为________。

A. 23　　B. 24　　C. 25　　D. 26

4. 若有说明“int i,j = 7, *p = &i;”，则等价的语句是________。

A. i = *p;　　B. *p = *&j;　　C. i = &j;　　D. i = **p;

5. 若有说明语句“int a[10], *p = a;”，对数组元素的正确引用是________。

A. a[p]　　B. p[a]　　C. *(p+2)　　D. p+2

6. 若有以下定义,则不能表示 s 数组元素的表达式是________。

```
int s[10]={1,2,3,4,5,6,7,8,9,10},*p=s;
```

A. *p　　B. s[10]　　C. *s　　D. s[p-a]

7. 若有如下定义和语句，则输出结果是________。

```
int **pp,*p,a=10,b=20;
pp=&p;p=&a;p=&b;printf("%d,%d\n",*p,*pp);
```

A. 10，20　　B. 10，10　　C. 20，10　　D. 20，20

8. 若有定义“int x，*pb;”，则以下正确的赋值表达式是________。

A. pb=&x　　B. pb=x　　C. *pb=&x　　D. *pb=*x

9. 以下程序的输出结果是________。

```
main()
{   int **k,*a,b=100;
    a=&b;k=&a;
    printf("%d\n",**k);
}
```

A. 运行出错　　B. 100　　C. a 的地址　　D. b 的地址

10. 设有定义语句“int (*ptr)[10];”，其中的 ptr 是________。

A. 10 个指向整型变量的指针

B. 指向 10 个整型变量的函数指针

C. 一个指向具有 10 个元素的一维数组指针

D. 具有 10 个指针元素的一维数组

11. 若有以下定义，则数值为 4 的表达式是________。

```
int w[3][4]={{0,1},{2,4},{5,8}},(*p)[4]=w;
```

A. *w[1]+1　　B. p++,*(p+1)　　C. w[2][2]　　D. p[1][1]

12. 若有下面的程序片段，则对数组元素的错误引用是________。

```
int a[12]={0},*p[3],**pp,i;
for(i=0;i<3;i++) p[i]=&a[i*4];
    pp=p;
```

A. pp[0][1]　　B. a[10]　　C. p[3][1]　　D. *(*(p+2)+2)

13. 若有以下定义和语句，则对 w 数组元素的非法引用是________。

```
int w[2][3],(*pw)[3];pw=w;
```

A. *(w[0]+2)　　B. *pw[2]　　C. pw[0][0]　　D. *(pw[1]+2)

## 二、填空题

1. 以下程序段的输出结果是________。

```
int *var,ab;
ab=100;
var=&ab;
ab=*var+10;
printf("%d\n",*var);
```

2. ________称为指针运算符，________称为取地址运算符。

3. 若两个指针变量指向同一个数组的不同元素，可以进行减法运算和________运算。

4. 若 d 是已定义的双精度变量，再定义一个指向 d 的指针变量 p 的语句是________。

5. 设有以下定义和语句，则*(*(p+2)+1)的值为________。

```
int a[3][2]={10,20,30,40,50,60},(*p)[2];
p=a ;
```

6. 若有下列定义：

```
char ch;
```

1）使指针 p 可以指向变量 ch 的定义语句是________。

2）使指针 p 指向变量 ch 的赋值语句是________。

3）通过指针 p 给变量 ch 读入字符的 scanf 函数调用语句是________。

4）通过指针 p 给变量 ch 赋字符的语句是________。

5）通过指针 p 输出 ch 中字符的语句是________。

7. 有下列程序段：

```
int a[5]={10,20,30,40,50},*p=&a[1],*s,i,k=0;
```

1）通过指针 p 给 s 赋值,使其指向最后一个存储单元 a[4]的语句是________。

2）用于移动指针 s,使之指向中间的存储单元 a[2]的表达式是________。

3）已知 k=2,指针 s 已指向存储单元 a[2],表达式*(s+k)的值是________。

4）指针 s 已指向存储单元 a[2],不移动指针 s,通过 s 引用存储单元 a[3]的表达式是________。

5）指针 s 指向存储单元 a[2],p 指向存储单元 a[0],表达式 s-p 的值是________。

6）若 p 指向存储单元 a[0],则以下语句的输出结果是________。

```
for(i=0;i<5;i++)
    printf("%d",*(p+i));
printf(" \n");
```

## 三、程序分析题

1. 阅读下列程序，写出输出结果。

```
main()
{  char *a[6]={"AB","CD","EF","GH","IJ","KL"};
   int i;
   for(i=0;i<6;i++)
```

```
        printf("%s",a[i]);
    printf("\n");
}
```

2. 阅读下列程序，写出程序的主要功能。

```
main()
{   int i,a[10],*p=&a[9];
    for(i=0;i<10;i++)
        scanf("%d",&a[i]);
    for(;p>=a;p--)
        printf("%d\t",*p);
}
```

3. 设有下列程序，试写出运行的结果。

```
main()
{   int i,b,c,a[]={1,10,-3,-21,7,13},*p_b,*p_c;
    b=c=1;p_b=p_c=a;
    for(i=0;i<6;i++)
    {   if(b<*(a+i))
        {   b=*(a+i);
            p_b=&a[i];
        }
        if(c>*(a+i))
        {   c=*(a+i);
            p_c=&a[i];
        }
    }
    i=*a;
    *a=*p_b;
    *p_b=i;
    i=*(a+5);
    *(a+5)=*p_c;
    *p_c=i;
    printf("%d,%d,%d,%d,%d,%d\n",a[0],a[1],a[2],a[3],a[4],a[5]);
}
```

4. 阅读下列程序，写出程序运行的输出结果。

```
char s[]="ABCD";
main()
{   char *p;
    for(p=s;p<s+4;p++)
        printf("%s\n",p);
}
```

## 四、问答题

1. 阅读程序回答问题。

```
void swap(int *a,int *b)
{   int *t;
    t = *a;
    *a = *b;
    b = t;
}
```

1）此函数的功能是什么？

2）如果把函数体改为：

```
int *t;
*t = *a;
*a = *b;
*b = *t;
```

是否正确？为什么？

2. 阅读程序回答问题。

```
#define N 30
main()
{   int s[N],m;float aver;
    for(m = 0;m < N;m ++)
       scanf("%d",&s[m]);
    aver = average(s,m);
    printf("average = %6.1f\n",aver);
}
float average(int *s,int n)
{   float v;
    int k;
    v = 0;
    for(k = 0;k < n;k ++)
    {   v += *s;
        s ++;
    }
    v/ = n;
    return v;
}
```

1）此程序的功能是什么？

2）函数 average( )中 s 的作用是什么？

3. 阅读程序回答问题。

```
#define N 30
```

```
main()
{   int s[N][4],(*p)[4],m,n;float aver[N];
    p=s;
    for(m=0;m<N;m++)
      for(n=0;n<4;n++)
        scanf("%d",&s[m]);
    for(m=0;m<N;m++)
    {   aver[m]=average(p,4);
        p++;
    }
    for(m=0;m<N;m++)
    printf("average=%6.1f\n",aver);
    {   for(n=0;n<4;n++)
          printf("%4d",&s[m][n]);
        printf("6.1f\n",aver[m]);
    }
}
float average(int *s,int n)
{   float v;
    int k;
    v=0;
    for(k=0;k<n;k++)
    {   v+=*s;
        s++;
    }
    v/=n;
    return v;
}
```

1）在 main（）函数中定义的 p 是什么指针？作用是什么？

2）此程序的功能是什么？

**五、编程题（要求用指针方法实现）**

1. 编写程序，输入 15 个整数，存入一维数组，再按逆序重新存放后再输出。
2. 输入一个一维实型数组，输出其中的最大值、最小值和平均值。
3. 输入一个 3×6 的二维整型数组，输出其中最大值、最小值及其所在行、列下标。
4. 输入 3 个字符串，输出其中最大的字符串。
5. 输入两个字符串，将其连接后输出。
6. 比较两个字符串是否相等。
7. 输入一个字符串，存入数据中，然后按相反顺序输出其中的所有字符。
8. 输入 3 个整数，按从大到小的顺序输出。

# 第 10 章　结构体与共用体

本章主要介绍结构体、共用体和枚举类型的定义、使用，链表的定义及对链表的操作。通过本章的学习，应掌握结构体和共用体类型数据的定义和引用，能够用指针和结构体构成链表，掌握单向链表建立、输出、删除与插入的算法。

本章知识体系结构：

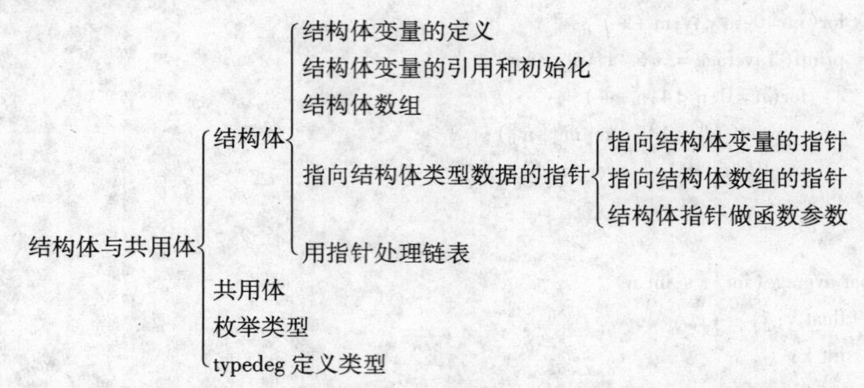


重点：结构体的定义和使用、结构体数组的使用、用指针处理结构体及链表的处理。

难点：用指针处理结构体和链表的处理。

## 10.1　结构体类型及变量的定义

本节介绍结构体类型及变量定义的方法。

### 10.1.1　结构体类型的定义

定义一个结构体类型的一般形式为：

```
struct 结构体名
{   类型标识符 成员名 1;
    类型标识符 成员名 2;
    ;…;
    类型标识符 成员名 n;
};
```

其中，struct 是关键字，“结构体名”和“成员名”都是用户定义的标识符，成员表是由逗号分隔的、类型相同的多个成员名。在大括号后的分号是不可缺少的。

### 10.1.2　结构体变量的定义

可采取以下 3 种方法定义结构体类型变量。

**1. 先声明结构体类型再定义变量名**

声明一个结构体类型的一般形式为：

```
struct 结构体名
{  成员表列
};
```

对各成员都应进行类型声明，即：

类型名 成员名

**2. 在声明类型的同时定义变量**

一般形式为：

```
struct 结构体名
{  成员表列
}变量名表列;
```

**3. 直接定义结构体类型变量**

其一般形式为：

```
struct
{  成员表列
}变量名表列;
```

即不出现结构体名。

## 10.2 结构体变量的引用和初始化

本节介绍结构体变量的引用方法及初始化。

引用结构体变量中成员的方式为：

结构体变量名.成员名

和其他类型变量一样，对结构体变量可以在定义时指定初始值。

## 10.3 结构体数组

本节介绍结构体数组的定义、初始化及使用。

### 10.3.1 定义结构体数组

与定义结构体变量的方法相仿，只需说明其为数组即可。

### 10.3.2 结构体数组的初始化

定义数组时，元素个数可以不指定，即写成以下形式：

```
数组名[ ] = {...},{...},{...};
```

编译时，系统会根据给出初值的结构体常量个数来确定数组元素的个数。

当然，数组的初始化也可以先声明结构体类型，然后定义数组为该结构体类型，在定义数组时初始化。

从以上可以看到，结构体数组初始化的一般形式是在定义数组的后面加上如下语句：

={初值表列}；

# 10.4 指向结构体类型数据的指针

本节介绍指向结构体变量和指向结构体数组的指针其定义及使用；还介绍用结构体变量和指向结构体的指针做函数参数时的处理。

## 10.4.1 指向结构体变量的指针

以下3种形式等价：

(1) 结构体变量．成员名

(2) (*p)．成员名

(3) p->成员名

## 10.4.2 指向结构体数组的指针

可以使用指向数组或数组元素的指针和指针变量。同样，对结构体数组及其元素，也可以用指针或指针变量来指向。

## 10.4.3 结构体变量和指向结构体的指针做函数参数

将一个结构体变量的值传递给另一个函数，有3种方法：

1）用结构体变量的成员做参数。

2）用结构体变量做实参。

3）用指向结构体变量（或数组）的指针做实参，将结构体变量（或数组）的地址传给形参。

# 10.5 用指针处理链表

本节介绍链表的概念、链表的基本操作及实现，以及malloc()函数、calloc()函数和free()函数的使用。

## 10.5.1 链表概述

链表是一种常用的重要数据结构，它是动态地进行存储分配的一种结构。

## 10.5.2 处理动态链表所需的函数

链表结构是动态地分配存储，即在需要时，才开辟一个结点的存储单元。C语言编译系统的库函数提供以下有关函数。

1. malloc( )函数

其函数原型为：

```
void * malloc(unsigned int size);
```

作用是在内存的动态存储区中分配一个长度为 size 的连续空间。此函数的值（即返回值）是一个指向分配域起始地址的指针（基类型为 void）。如果此函数未能成功地执行（例如内存空间不足），则返回空指针（NULL）。

2. calloc( )函数

其函数原型为：

```
void *calloc(unsigned n,unsigned size);
```

作用是在内存的动态存储区中分配 n 个长度为 size 的连续空间。函数返回一个指向分配域起始地址的指针；如果分配不成功，则返回 NULL。

用 calloc( )函数可以为一维数组开辟动态存储空间，n 为数组元素个数，每个元素的长度为 size。

3. free( )函数

其函数原型为：

```
void free(void *p);
```

作用是释放由 p 指向的内存区，使这部分内存区能被其他变量使用。p 是调用 calloc( )或 malloc( )函数时返回的值。free( )函数无返回值。

**注意：** 以前的 C 语言版本提供的 malloc( )和 calloc( )函数得到的是指向字符型数据的指针。ANSI C 提供的 malloc( )和 calloc( )函数规定为 void * 类型。

### 10.5.3 链表的基本操作

（1）建立链表

所谓建立链表，是指从无到有地建立起一个链表，即一个一个地输入各结点数据，并建立起前后相连接的关系。

（2）输出链表

（3）对链表的插入

步骤如下：

1）查找插入位置。

2）插入新结点，即新结点与插入点前后的结点连接。

（4）对链表的删除

步骤如下：

1）查找删除结点的位置。

2）删除结点，即将该结点的前一个结点与后一个结点连接。

## 10.6 共用体

本节介绍共用体的概念、定义的方法及引用。

有时需要将几种不同类型的变量存放到同一段内存单元中。这种使几个不同的变量共占同一段内存的结构，称为共用体类型的结构。

定义共用体类型变量的一般形式为：

```
union 共用体名
{   成员表列
}变量表列;
```

结构体变量所占内存长度是各成员所占内存长度之和。每个成员分别占有其自己的内存单元。

### 10.6.1 共用体变量的引用方式

只有先定义了共用体变量，才能引用它。不能引用共用体变量，而只能引用共用体变量中的成员。

### 10.6.2 共用体类型数据的特点

在使用共用体类型数据时，要注意以下一些特点：

1）同一个内存段可以用来存放几种不同类型的成员，但在每一瞬时只能存放其中一种，而不是同时存放几种。也就是说，每一瞬时只有一个成员起作用，其他成员不起作用，即不是同时都存在和起作用。

2）共用体变量中起作用的成员是最后一次存放的成员。在存入一个新的成员后原有的成员就失去作用。

3）共用体变量的地址和它各成员的地址都是同一个地址。

4）不能对共用体变量名赋值，也不能企图引用变量名来得到一个值，更不能在定义共用体变量时对它初始化。

5）不能把共用体变量作为函数参数，也不能使函数带回共用体变量，但可以使用指向共用体变量的指针（与结构体变量这种用法相仿）。

6）共用体类型可以出现在结构体类型定义中，也可以定义共用体数组。反之，结构体也可以出现在共用体类型定义中，数组也可以作为共用体的成员。

共用体与结构体有很多类似之处，但有本质区别。

## 10.7 枚举类型

本节介绍枚举体类型的定义及使用。

枚举类型是 ANSI C 新标准增加的。

如果一个变量只有几种可能的值，可以定义为枚举类型。所谓枚举，是指将变量的值一一列举出来，变量的值只限于列举出来值的范围内。声明枚举类型用 enum 开头。

枚举类型的定义形式如下：

```
enum 枚举类型名{枚举值表};
```

在枚举值表中应列举出所有的可能值，这些值称为枚举元素或枚举常量。

**说明：**

1）对枚举元素，按常量处理，故称为枚举常量。它们不是变量，不能对它们赋值。

2）枚举元素作为常量是有值的。C 语言编译按定义时的顺序，使它们的值为 0、1、2…

3）枚举值可以用来做判断、比较。

4）一个整数不能直接赋给一个枚举变量。

## 10.8 用 typedef 定义类型

本节介绍用 typedef 定义类型的方法。

可以用 typedef 声明新的类型名来代替已有的类型名。

声明一个新类型名的方法是：

1）先按定义变量的方法写出定义体。

2）将变量名换成新类型名。

3）在最前面加 typedef。

4）然后可以用新类型名去定义变量。

习惯上，常把用 typedef 声明的类型名用大写字母表示，以便与系统提供的标准类型标识符相区别。

**说明：**

1）用 typedef 可以声明各种类型名，但不能用来定义变量。用 typedef 可以声明数组类型和字符串类型，使用比较方便。

2）用 typedef 只是对已经存在的类型增加一个类型名，而没有创造新的类型。

3）typedef 与#define 有相似之处，它们二者是不同的。#define 是在预编译时处理的，它只能做简单的字符串替换。而 typedef 是在编译时处理的，实际上，它并不是做简单的字符串替换。

4）在不同源文件中用到同一类型数据（尤其是像数组、指针、结构体和共用体等类型数据）时，常用 typedef 声明一些数据类型，把它们单独放在一个文件中，然后在需要用到它们的文件中用#include 命令把它们包含进来。

5）使用 typedef 有利于程序的通用与移植。有时，程序会依赖于硬件特性，用 typedef 便于移植。

## 10.9 实验

### 结构体与共用体

**【实验目的和要求】**

1）掌握结构体类型、结构体变量、结构体数组和结构体指针的定义与使用。

2）理解共用体的结构特征，掌握其定义和使用方法。

3）了解枚举类型和自定义类型。

【实验内容】

1. 分析题

1）分析程序，写出程序的运行结果。

```
#include < stdio. h >
main( )
{   struct cmplx
    {   int x;
        int y;
    }
    cnum[2] = {1,3,2,7};
    printf("% d\n",cnum[0]. X * cunm[1]. x);
}
```

2）分析程序的运行结果，掌握“ -> ”和“ * ”运算符的优先级，以及“ ++ ”在前或在后的含义。

```
#include < stdio. h >
struct x
{   int a;
    char *b;
} * p;
char y0[ ] = "Li",y1[ ] = "Wang";
struct x xw[ ] = {{1,y0},{4,y1}};
main( )
{   p = xw;
    printf("%c", ++ * p -> b);
    printf("%d",( * p). a);
    printf("%d", ++p -> a);
    printf("%d",( ++p) -> a);
    printf("%c\n", * (p ++ ) -> b);
}
```

3）分析下面程序的输出结果，并验证分析结果是否正确。

```
#include"stdio. h"
struct dc
{   char first;
    char second;
};
union data
{   int i;
    struct dc d;
};
main( )
```

```
{   union data number;
    number.i = 0x4241;
    printf("%c%c\n",number.d.first,number.d.second);
    number.d.first = 'a';
    number.d.second = 'b';
    printf("%x\n",number.i);
}
```

**2. 填空题**

1）请完成程序。该程序计算4位学生的平均成绩，保存在结构体中，然后列表输出这些学生的信息。

```
#include <stdio.h>
struct STUDENT
{   char name[16];
    int math;
    int english;
    int computer;
    int average;
};
void GetAverage(struct STUDENT *pst)        /*计算平均成绩*/
{   int sum = 0;
    sum = ________;
    pst -> average = sum/3;
}
void main()
{   int i;
    struct STUDENT st[4] = {{"Jessica",98,95,90},{"Mike",80,80,90},
                            {"Linda",87,76,70},{"Peter",90,100,99}};
    for(i = 0;i < 4;i ++)
    {   GetAverage(________);
    }
    printf("Name\tMath\tEnglish\tCompu\tAverage\n");
    for(i = 0;i < 4;i ++)
    {   printf("%s\t%d\t%d\t%d\t%d\n",st[i].name,st[i].math,st[i].english,
            st[i].computer,st[i].average);
    }
}
```

2）以下函数creat用来建立一个带头结点的单向链表，新产生的结点总是插在链表的末尾，单向链表的头指针作为函数值返回。请填空。

```
#include"stdio.h"
struct list
```

```
{  char data;?
   struct list  * next;
};
struct list  * creat( )
{  struct list  * h, * p, * q;
   char ch;
   h = (________) malloc( sizeof ( struct list) ) ;
   p = q = h;
   ch = getchar( ) ;
   while( ch! ='? ')
   {   p = (________) malloc( sizeof ( struct list) ) ;
       p -> data = ch;
       ________;
       q = p;
       ch = getchar( ) ;
   }
   p -> next ='\0';
   return h;
}
```

**3. 编程题**

1）定义一个结构体变量（包括年、月、日）。计算该日在本年中是第几天，注意闰年问题。

2）试利用结构体类型编制一个程序，实现输入一个学生的数学期中和期末成绩，然后计算并输出其平均成绩。

3）试利用指向结构体的指针编制一个程序，实现输入 3 个学生的学号、数学期中和期末成绩，然后计算其平均成绩并输出成绩表。

## 10.10 习题

**一、选择题**

1. 若有如下说明，则下列叙述正确的是________（已知 int 类型占 2 个字节）。

```
struct s
{   int m;
    int n[2];
}m;
```

A. 结构体变量 m 与结构体成员 m 同名，定义是非法的

B. 程序只在执行到该定义时，才为结构体 s 分配存储单元

C. 程序运行时，为结构体 s 分配 6 个字节的存储单元

D. 类型名 struct s 可以通过 extern 关键字提前引用（引用在前，说明在后）

2. 若有以下结构体定义：

```
struct example
{    int x;
     int y;
}v1;
```

则下列引用或定义正确的是________。

A. example. x = 10　　　　B. example v2. x = 10;

C. struct v2;v2. x = 10;　　　　D. struct example v2 = {10};

3. 设有以下说明和定义：

```
typedef union
{    long i;
     int k[5];
     char e;
}DATE;
struct date
{    int cat;
     DATE cow;
     double dog;
}too;
DATE max;
```

则下列语句的执行结果是________。

```
printf("%d",sizeof(struct date) + sizeof(max));
```

A. 26　　　　B. 30　　　　C. 18　　　　D. 8

4. 设有下列定义语句：

```
enum team{my,your = 4,his,her = his + 10};
printf("%d,%d,%d,%d\n",my,your,his,her);
```

其输出是________。

A. 0,1,2,3　　　　B. 0,4,0,10　　　　C. 0,4,5,15　　　　D. 1,4,5,15

5. 根据下述定义，可以输出字符'A'的语句是________。

```
struct person
{    char name[11];
     struct
     {    char narne[11];
          int age;
     }other[10];
};
struct person man[10] = {{"jone",{"Paul",20}},{"Paul",{"Mary",18}},
                  {"Mary",{"Adam",23}},{"Adam",{"Jone",22}}};
```

A. printf("%c",man[2].other[0].name[0]);

B. printf("%c",other[0].name[0]);

C. printf("%c",man[2].(*other[0]));

D. printf("%c",man[3].name);

6. 已知形成链表的存储结构如下图所示，则下述类型描述中的空白处应填________。

| data | next |
|---|---|

```
struct link
{   char data;
    ________;
}node;
```

A. struct link next;　　B. link *next;　　C. struct next link;　　D. struct link *next;

7. 设有以下说明，则下面叙述不正确的是________。

```
union data
{   int i;
    char c;
    float f;
}a;
```

A. a 所占的内存长度等于成员 f 的长度

B. a 的地址和它各成员的地址都是同一个地址

C. a 可以作为函数参数

D. 不能对 a 赋值，但可以在定义 a 时对它初始化

8. 若有以下定义，则选项中的语句，正确的是________。

```
union data
{   int i;
    char c;
    float f;
}a;
int n;
```

A. s=5　　B. a={2,'a',1.2}　　C. printf("%d\n",a)　　D. n=a

9. 设有定义语句：

```
struct
{   int x;
    int y;
}d[2]={{1,3},{2,7}};
printf("%d\n",d[0].y/d[0].x*d[1].x);
```

其输出是________。

A. 0　　B. 1　　C. 3　　D. 6

10. 根据下面的定义，能打印出字母 M 的语句是________。

```
struct person
{   char name[9];
```

```
    int age;
};
struct person class[10] = {"John",15,"Paul",19,"Mary ",18,"Adam ",16};
```

A. printf("%c\n",class[3]. name)

B. printf("%c\n",class[3]. name[1]);

C. printf("%c\n",class[2]. name[1]);

D. printf("%c\n)",class[2]. name[0]);

11. 若有以下说明：

```
struct person
{   char name[20];
    int age;
    char sex;
} a = {"Li ning",20,'m'}, * p = &a;
```

则对字符串"Li ning"的引用方式不可以是________。

A. (＊p). name　　B. p. name　　C. A. name　　D. p -> name

## 二、填空题

1. 把程序补充完整，完成链表的输出功能。

```
void print(head)
struct student  * head;
{   struct student  * p;
    p = head;
    if(________)
      do
      {   printf("%d,%f\n",p -> num,p -> score);
          p = p -> next;
      }
      while(________);
}
```

2. 把程序补充完整，该程序的功能是删除链表中的指定结点。

```
struct student * del(head,num)
struct student  * head;
int num;
{   struct student  * pl, * p2;
    if(head == NULL)
    {   printf("\nlist null!  \n");
        goto end;
    }
    pl = head;
    while(num! = pl -> num&&pl -> next! = NULL)
```

```
    {   p2 = pl;
        pl = pl -> next;
    }
    if(________)
    {   if(pl == head)
            head = pl -> next;
        else ________
            printf("delete:%d\n",num);
    }
    else printf("%d not been found ! \n",num);
    end:
    return(head);
}
```

3. 以下 mim( )函数的功能是：查找带有头结点的单向链表，将结点数据域的最小值作为函数值返回。补足所缺语句。

```
stuct node{int data;stuct nodc *next;};
int min(struct node *first)
{   struct node *p;
    int m;
    p = first;
    m = p -> data;
    for(p = p -> next;p! ='\0';p = ________)
      if(________)
        m = p -> data;
    return m;
}
```

4. 以下函数 creat( )用来建立一个带头结点的单向链表，新产生的结点总是插在链表的末尾，单向链表的头指针作为函数值返回。请填空。

```
#include <stdio.h>
struct list
{   char data;
    struct list *next;
};
struct list *creat()
{   struct list *h, *p *q;
    h = (________) malloc(sizeof(struclist));
    p = q = h;
    ch = getchar();
    while(ch! ='?')
    {   p = (________) malloc(sizeof(struclist));
        p -> data = ch;
```

```
        q -> next = p;
        q = p;
        ch = getchar( );
    }
    p -> next ='\0';
    ________;
}
```

5. 完成求指针 P 所指向线性链表长度的函数 len( )。

```
#define NULL 0
struct link
{   int a;
    struct link  * next;
};
len( struct list  * P)
{   int n = 0;
    while( p! = NULL)
    {   ________;
        ________;
    }
    return n;
}
```

6. 函数 insert( )用于完成在具有头结点的降序单链表中插入值为 x 的结点（如果 x 存在，则不插入）。

```
struct link
{   int data;
    struct link  * next;
};
struct link search( struct link  * head, int x)
{   struct link  * p, * q;
    p = head -> next;
    q = head;
    while( ________)
    {   q = p;
        p = ________;
    }
    return( q);
}
int insert( struct link  * h, int x)
{   struct link  * q, * s, * p;
    q = searh( h, x);
    if( ________)
```

```
    { s = (struct link * )malloc(sizeof(struct link));
      s -> data = x;
      ________;
      ________;
    }
}
```

## 三、分析程序题

1. 分析程序，给出程序的运行结果。

```
#include < stdio. h >
union un
{  int i;
   char c[2];
};
void main( )
{  union un x;
   x. c[0] =10;
   x. c[1] =1;
   printf( " \n% d" ,x. i);
}
```

2. 分析程序，给出程序的运行结果。

```
#include < stdio. h >
void main( )
{  struct st
   {  int x;
      unsigned a:2;
      unsigned b:2;
   };
   printf( " \n% d" ,sizeof( struct st) );
}
```

3. 分析程序，给出程序的运行结果。

```
union un
{  int i;
   double y;
};
struct st
{  char a[10];
   union un b;
};
main( )
{  printf( " % d" ,sizeof( struct st) );
```

```
}
```

4. 分析程序，给出程序的运行结果。

```
#include <stdio.h>
#include <string.h>
main()
{   char *p1 = "abc", *p2 = "ABC',str[50] = "xyz";
    strcpy(str+2,strcat(p1,p2));
    printf("%s\n",str);
}
```

5. 分析程序，给出程序的运行结果。

```
typedef union
{   long x[2];
    int y[4];
    char z[8];
}MYTYPE;
MYTYPE them;
main()
{   printf("%d\n",sizeof(them));}
```

6. 分析程序，给出程序的运行结果。

```
#include <stdio.h>
union p
{   int i;
    char c[2];
}x;
main()
{   x.c[0] =13;
    x.c[1] =0;
    printf("%d\n",x.i);
}
```

7. 分析程序，给出程序的运行结果。

```
#include <stdio.h>
main()
{   struct date
    {   int year,month,day;
    }today;
    union
    {   long i;
        int k;
        char j;
```

```
    }maix;
    printf("%d\n",sizeof(struct date));
    printf("%d\n",sizeof(maix));
}
```

8. 分析程序，给出程序的运行结果。

```
main()
{   union u
    {   char *name;
        int age;
        int income;
    }s;
    s.name="WANGLING";
    s.age=28;
    s.income=1000;
    printf("%d\n",s.age);
}
```

9. 分析程序，给出程序的运行结果。

```
main()
{   enum em{em1=3,em2=1,em3};
    char *aa[3]={"aa","BB","CC"};
    printf("%s%s%s\n",aa[em1],aa[em2],aa[em3]);
}
```

10. 分析程序，给出程序的运行结果。

```
main()
{   struct student
    {   char name[10];
        float k1;
        float k2;
    }a[2]={{"zhang",100,70},{"wang",70,80}},*p=a;
    int i;
    printf("\n name:%s total=%f",p->name,p->k1+p->k2);
    printf("\n name:%s total=%f\n",a[1].name,a[1].k1+a[1].k2);
}
```

11. 分析程序，给出程序的运行结果。

```
main()
{   union
    {   char c;
        char i[4];
    }z;
```

```
    z. i[0] = 0x39;
    z. i[1] = 0x35;
    printf("%c\n",z. c);
}
```

12. 分析程序，给出程序的运行结果。

```
#include <stdio. h>
union
{   short int i;
    char c[2];
}a;
void main()
{   a. c[0] ='A';
    a. c[1] ='a';
    printf("a. i = %d\n",a. i);
    printf("a. c[0] = %c\n",a. c[0]);
    printf("a. c[1] = %c\n",a. c[1]);
}
```

13. 分析程序，给出程序的运行结果。

```
#include <stdio. h>
main()
{   union{int i[2];long k;}r, *s = &r;
    s -> i[0] = 0x39;
    s -> i[1] = 0x38;
    printf("%lx\n",s -> k);
}
```

14. 分析程序，给出程序的运行结果。

```
#include <stdio. h>
main()
{   struct example
    {   union{int x; int y;}in;
        int a;int b;
    }e;
    e. a = 1;e. b = 2;
    e. in. x = e. a * e. b;
    e. in. y = e. a + e. b;
    printf("%d,%d",e. in. x,e. in. y);
}
```

**四、编程题**

1. 有 10 个学生，每个学生的数据包括学号、姓名和 3 门课的成绩。从键盘上输入 10

个学生数据，要求打印出3门课总平均成绩，以及最高分学生的数据（包括学号、姓名、3门课成绩和平均分数）。

2. 已建立学生英语课程的成绩链表（成绩存于score域中，学号存于num域中），编写函数，用于查询某个学生的成绩并输出。

3. 编写一个函数，用于在结点类型为ltab的非空链表中插入一个结点（由形参指针变量p0指向），链表按照结点数据成员no的升序排列。

4. 已知head指向一个带头结点的单向链表，链表中每个结点包含数据区域（data）和指针域（next），数据域为整型。请分别编写函数，在链表中查找数据域值最大的结点。

# 第11章　位　运　算

C语言既具有高级语言的特点，又具有低级语言的功能，因而具有广泛的用途和很强的生存力。本章介绍位运算及位段的使用。通过本章的学习，应了解位运算符的含义及使用方法；能够进行简单的位运算；了解位段的概念和使用方法。

本章知识体系结构：

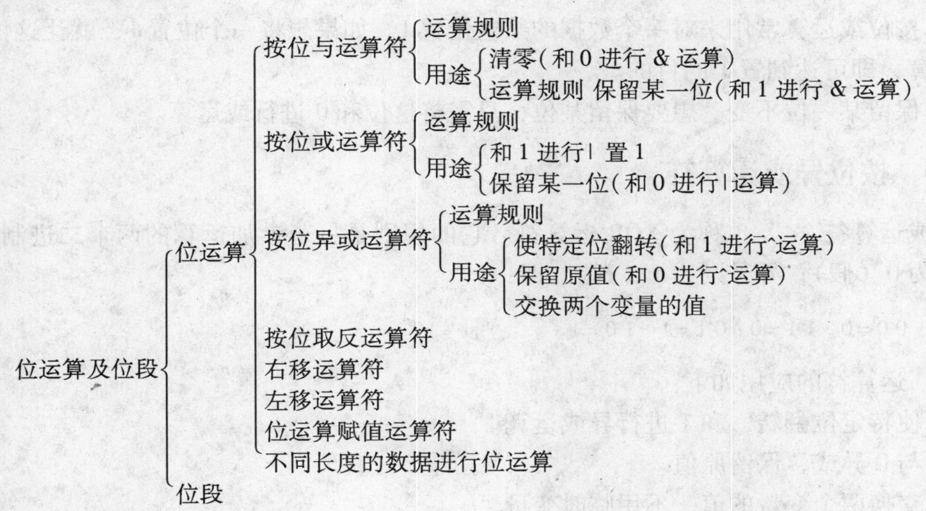


重点：位运算及使用。

## 11.1　位运算符与位运算

本节主要介绍各种位运算的运算规则与用途。

所谓位运算，是指进行二进制位的运算。在系统软件中，经常要处理二进制位的问题。C语言提供如表11-1所示的位运算符。

表11-1　位运算符及含义

| 运算符 | 含义 | 运算符 | 含义 |
|---|---|---|---|
| & | 按位与 | ~ | 取反 |
| \| | 按位或 | << | 左移 |
| ^ | 按位异或 | >> | 右移 |

### 11.1.1　按位与运算符

参加运算的两个数据，按二进制位进行“与”运算。如果两个相应的二进制位都为1，则结果值为1，否则为0。即：

0&0=0　0&1=0　1&0=0　1&1=1

按位与有一些特殊的用途：

1）清零。如果想将一个位清零，就让这个位和0进行与运算，即可达到清零的目的。

2）保留某一位不变。如果想保留一个位，就让这个位和1进行与运算，即可达到保留这一位的目的。

### 11.1.2 按位或运算符

两个相应的二进位中，只要有一个为1，该位的结果值为1。即：0|0 =0,0|1 =1,1|0 =1,1|1 =1。

按位或有一些特殊的用途：

1）按位或运算常用来对一个数据的某些位置1。如果想将一个位置1，就让这位和1进行或运算，即可达到置1的目的。

2）保留某一位不变。想要保留某位，只需将这位和0进行或运算。

### 11.1.3 按位异或运算符

异或运算符“^”也称为XOR运算符。它的规则是：若参加运算的两个二进制位同号，则结果为0（假）；异号则为1（真）。即：

0^0 =0　1^1 =0　0^1 =1　1^0 =1

“^”运算符的应用如下：

1）使特定位翻转，和1进行异或运算。

2）与0异或，保留原值。

3）交换两个变量的值，不用临时变量。

### 11.1.4 按位取反运算符

按位取反运算符（~）是一个单目（元）运算符，用来对一个二进制数按位取反，即将0变1，1变0。

“~”运算符的优先级别比算术运算符、关系运算符、逻辑运算符和其他位运算符都高。

### 11.1.5 左移运算符

用来将一个数的各二进位全部左移若干位。

左移1位相当于该数乘以2，左移2位相当于该数乘以$2^2=4$。

### 11.1.6 右移运算符

右移1位相当于除以2，右移$n$位相当于除以$2^n$。

在右移时，需要注意符号位的问题。对无符号数，右移时，左边高位移入0。对于有符号数，如果原来符号位为0（该数为正），则左边也是移入0；如果符号位原来为1（即负数），则左边移入0还是1，要取决于所用的计算机系统。有的系统移入0，有的移入1。移入0的称为逻辑右移，即简单右移。移入1的称为算术右移。

### 11.1.7　位运算赋值运算符

位运算符与赋值运算符可以组成复合赋值运算符。

### 11.1.8　不同长度的数据进行位运算

如果两个数据长度不同（例如 long 型和 int 型），进行位运算时（如 a&b，而 a 为 long 型，b 为 int 型），系统会将二者按右端对齐。如果 b 为正数，则左侧 16 位补满 0。若 b 为负数，左端应补满 l。如果 b 为无符号整数型，则左侧添满 0。

## 11.2　位段

本节主要介绍各种位段的概念、定义和引用及使用时的注意事项。

C 语言允许在一个结构体中，以位为单位来指定其成员所占内存长度。这种以位为单位的成员称为“位段”或“位域”（bit field）。利用位段，能够用较少的位数存储数据。

## 11.3　实验

### 位运算

**【实验目的和要求】**

1）掌握位运算符的含义及使用。

2）学会简单的位运算操作。

**【实验内容】**

**1. 分析题**

1）分析下面程序的运行结果。

```
main()
{   unsigned a = 0112,x,y,z;
    x = a >> 3;
    printf("%o\n",x);
    y = ~( ~0 << 4);
    printf("%o\n",y);
    z = x&y;
    printf("%o\n",z);
}
```

2）分析下面程序的运行结果。

```
main()
{   char a = 0x95,b,c;
    b = (a&0xf) << 4;
    c = (a&0xf0) >> 4;
    a = b|c;
```

```
    printf("%x\n",a);
}
```

3）分析下面程序的运行结果。

```
main()
{   unsigned char a,b;
    a = 0x1b;
    printf("0x%x\n",b = a<<2);
}
```

4）输入下面程序，运行该程序并对结果进行分析。

```
main()
{   short char a = 0234;
    char c ='A';
    printf("1:%o\n",a<<2);
    printf("2: %o\n",a>>2);
    printf("3: %o\n",c<<3);
    printf("4: %o\n",c>>3);
    printf("5: %o\n", (a<<1)+8);
    printf("6: %o\n", (a>>1)-8);
}
```

5）分析下面程序的运行结果。

```
main()
{   unsigned short a = 0123,x,y;
    x = a>>8;
    printf("%0,",x);
    y = (a<<8)>>8;
    printf("%o\n",y);
}
```

**2. 编程题**

1）编写一个程序，检查一下自己所用计算机系统的 C 语言编译在执行右移时，是遵循逻辑位移原则还是算术右移原则？如果是逻辑右移，请编写一个函数实现算术右移；如果是算术右移，请编写一个函数，以实现逻辑右移。

2）编写一个程序，输入一个八进制短整型数据，将其低位字节清零后输出。

## 11.4 习题

### 一、选择题

1. 若有以下程序段：

```
int a = 3,b = 4;
a = a^b;
b = b^a;
a = a^b;
```

则执行以上语句后，a 和 b 的值分别是________。

A. a=3，b=4　　B. a=4，b=3　　C. a=4，b=4　　D. a=3，b=3

2. 若 x=10010111，则表达式（3+（int）（x））&（~3）的运算结果是________。

A. 10011000　　B. 10001100　　C. 10101000　　D. 10110000

3. 若有以下说明和语句，则输出结果为________。

```
char a=9,b=020;
printf("%o\n",~a&b<<1);
```

A. 0377　　B. 040　　C. 32　　D. 以上答案均不正确

4. 下面程序的输出结果是________。

```
main()
{   unsigned int a=3,b=10;
    printf("%d\n",a<<2|b>>1);
}
```

A. 1　　B. 5　　C. 12　　D. 13

5. 阅读程序片段：

```
char x=56;
x=x&056;
printf("%D. %o\n",x,x);
```

以上程序片段的输出结果是________。

A. 56，70　　B. 0，0　　C. 40，50　　D. 62，76

6. 若 x=2，y=3，则 x&y 的结果是________。

A. 0　　B. 2　　C. 3　　D. 5

7. 在执行完以下语句后，b 的值是________。

```
char z='A';
int b;
b=((241&15)&&(z|'a'));
```

A. 0　　B. 1　　C. TRUE　　D. FALSE

8. 表达式 a<b||~c&d 的运算顺序是________。

A. ~,&,<,||　　B. ~,&,||,<　　C. ~,||,&,<　　D. ~,<,&,||

9. 以下叙述中不正确的是________。

A. 表达式 a&=b 等价于 a=a&b　　B. 表达式 a|=b 等价于 a=a|b

C. 表达式 a!=b 等价于 a=a! b　　D. 表达式 a^=b 等价于 a=a^b

10. 表达式 0x13&0x17 的值是________。

A. 0x17　　B. 0x13　　C. 0xf8　　D. 0xec

11. 在位运算中，操作数每右移 1 位，其结果相当于________。

A. 操作数乘以 2　　B. 操作数除以 2　　C. 操作数除以 4　　D. 操作数乘以 4

12. 在位运算中，操作数每左移 1 位，其结果相当于________。

A. 操作数乘以2　B. 操作数除以2　C. 操作数除以4　D. 操作数乘以4

13. 交换两个变量的值，应该使用下列位运算中的________。

A. ~　B. &　C. ^　D. |

14. 以下程序的输出结果是________。

```
main()
{   char x = 040;
    printf("%d\n",x << 1);
}
```

A. 100　B. 160　C. 120　D. 64

15. 以下程序的输出结果是________。

```
main()
{   int a = 5,b = 6,c = 7,d = 8,m = 2,n = 2;
    printf("%d\n", (m = a > b)&(n = c > d));
}
```

A. 0　B. 1　C. 2　D. 3

16. 以下程序段中 c 的二进制值是________。

```
main()
{   char a = 3, b = 6,c;
    c = a^ b << 2;
}
```

A. 00011011　B. 00010100　C. 00011100　D. 00011000

17. 以下程序的输出结果是________。

```
main()
{   int x = 35; char z ='A';
    printf("%d\n",(x&15)&&(z <'a'));
}
```

A. 0　B. 1　C. 2　D. 3

18. 阅读程序：

```
struct bit
{   unsigned a:2;
    unsigned b:2;
    unsigned c:1;
    unsigned d:1;
    unsigned e:2;
    unsigned word:8;
};
main()
{
```

```
    struct bit p;
    unsigned int modeword;
    printf("Enter the mode word(HEX):");
    scanf("%x",&modeword);
    p=(struct bit *)&modeword;
    printf("\n");
    printf("a:% d\n",p->a);
    printf("b:% d\n",p->b);
    printf("c:% d\n",p->c);
    printf("d:% d\n",p->d);
    printf("e:% d\n",p->e);
}
```

若运行时，从键盘输入96 <回车>。
则以上程序的运行结果是________。

| A. a：1 | B. a：2 | C. a：2 | D. a：1 |
|---|---|---|---|
| b：2 | b：1 | b：1 | b：1 |
| c：0 | c：0 | c：1 | c：2 |
| d：1 | d：1 | d：0 | d：0 |
| e：2 | e：2 | e：2 | e：1 |

19. 设有以下说明：

```
struct packed
    { unsigned one:1;
      unsigned two:2;
      unsigned three:3;
      unsigned four:4;
}data;
```

则以下位段数据的引用中，不能得到正确数值的是________。

A. data. one =4　　B. data. two =3
C. data. thtee =2　　D. data. four =1

20. 设位段的空间分配由右到左，则以下程序的运行结果是________。

```
struct packed_bit
{   unsigned a:2;
    unsigned b:3;
    unsigned c:4;
    int l;
}data;
main()
{   data. a=8;data. b=2;
    printf("%d\n",data. a+data. b);
}
```

A. 语法错　　B. 2　　C. 5　　D. 10

**二、填空题**

1. 以下函数的功能是计算所用计算机中 int 型数据的字长（即二进制位）位数。（注：不同类型计算机上 int 型数据所分配的长度是不同的，该函数有可移植性）。请在横线处填入正确内容。

```
wordlength()
{ int i;
  unsigned int v = ________;                 /* 将 int 型单元各二进制位置 1 */
  for(i = 1;(v = v >> 1) > 0;i++);           /* 计算 int 型单元中的位数 */
    return( ________ );
}
```

2. 请阅读以下函数：

```
getbits(unsigned x,unsigned p,unsigned n)
{ x = ((x << (p + 1 - n)) & ~((unsigned) ~0 >> n));
  return(x);
}
```

假设机器的无符号整数字长为 16 位。若调用此函数时，x = 0115032，p = 7，n = 4，则函数返回值的八进制数是________。

3. 设有“char a，b;”，若要通过 a&b 运算屏蔽掉 a 中的其他位，只保留第 2 和第 8 位（右起为第 1 位），则 b 的二进制数是________。

4. 测试 char 型变量 a 中第 6 位是否为 1 的表达式是________（设最右位是第 1 位）。

5. 设二进制数 x 的值是 11001101，若想通过 x&y 运算，使 x 中的低 4 位不变，高 4 位清零，则 y 的二进制数是________。

6. 请阅读程序片段：

```
unsigned a = 16;
printf("%d,,%d,%d\n",a >> 2,a = a >> 2,a);
```

以上程序片段的输出结果是________。

7. 若 x = 0123，则表达式 5 + (int)(x)&(~2) 的值是________。

8. 设 x = 10100011，若要通过 x^y，使 x 的高 4 位取反，低 4 位不变，则 y 的二进制数是________。

9. 与表达式 a& = b 等价的另一种书写形式是________。

10. 与表达式 x^ = y - 2 等价的另一种书写形式是________。

11. 下面程序的功能是实现左右循环移位，当输入位移的位数是一个正整数时，循环右移；输入一个负整数时，循环左移。请在横线处填入正确内容。

```
main()
{ unsigned a;
  int n;
  printf("请输入一个八进制数:");
```

```
    scanf("%o",&a);
    printf("请输入位移的位数:");
    scanf("%d",&n);
    if ________
    {   moveringht(a,n);
        printf("循环右移的结果为:%o\n",moveright(a,n));
    }
    else
    {   ________;
        moveleft(a,n);
        printf ("循环左移的结果为:%o\n",moveleft(a,n));
    }
}
moveright(unsigned value,int n)
{   unsigned z;
    z=(value>>n)|(value<<(16-n));
    return(z);
}
moveletf(unsigned value,int n)
{   unsigned z;
    ________;
    return(z);
}
```

12. 能将2个字节变量x的高8位全部置1，低字节保持不变的表达式是 ________。
13. a为任意整数，能将变量a中的各二进制位均置成1的表达式是 ________。
14. a为任意整数，能将变量a清零的表达式是 ________。
15. 运用位运算，能将八进制数012500除以4，然后赋给变量a的表达式是 ________。

**三、分析程序题**

1. 下列程序的运行结果是 ________。

```
main()
{   int x,y,z;
    x=2,y=3,z=0;
    printf("%d\n",x=x&&y||z);
    printf("%d\n",x||! y&&z);
    x=y=1;
    z=x++ -1;
    printf("%d%d\n",x,z);
}
```

2. 下列程序的运行结果是 ________。

```
main()
```

```
{   unsigned a = 0112, x, y, z;
    x = a >> 3;
    printf("x = %o,", x);
    y = ~( ~0 << 4);
    printf("y = %o,", y);
    z = x&y;
    printf("z = %o\n", z);
}
```

3. 下列程序的运行结果是 ________。

```
main()
{   int x, y, z;
    x = y = z = 2;
    ++x|| ++y&& ++z;
    printf("%d %d %d\n", x, y, z);
    x = y = z = 2;
    ++x&& ++y|| ++z;
    printf("%d %d %d\n", x, y, z);
    x = y = z = 2;
    ++x&& ++y&& ++z;
    printf("%d %d %d\n", x, y, z);
}
```

4. 下列程序的运行结果是 ________。

```
main()
{   char a = 0x95, b, c;
    b = (a&0xf) << 4;
    c = (a&0xf0) >> 4;
    a = b|c;
    printf("%x\n", a);
}
```

5. 下列程序的运行结果是 ________。

```
main()
{   char a = -8;
    unsigned char b = 248;
    printf("%d,%d", a >> 2, b << 2);
}
```

6. 下列程序的运行结果是 ________。

```
main()
{   unsigned char a, b;
    a = 0x1b;
```

```
    printf("0x%x\n",b = a << 2);
}
```

7. 下列程序的运行结果是 ________。

```
main()
{   unsigned a,b;
    a = 0x9a;
    b = ~a;
    printf("a = %x\nb = %x\n",a,b);
}
```

**四、编程题**

1. 编写一个函数 getbit()，从一个 16 位的单元中取出某几位（即该几位保留原值，其余位为 0）。函数调用形式为 getbits(value,n1,n2)。value 为该 16 位（2 个字节）中的数据值，n1 为欲取出的起始位，n2 为欲取出的结束位。如八进制数 101675，取出它的从左面起第 5 位到第 8 位。

2. 编写一个函数，对一个 16 位的二进制数，取出它的奇数位（即从左边起第 1、3、5、…、15 位）。

3. 编写一程序，检查一下自己所用计算机系统的 C 语言编译在执行右移时，是遵循逻辑右移原则还是算术右移原则？如果是逻辑右移，请编写一个函数实现算术右移；如果是算术右移，请编写一个函数以实现逻辑右移。

4. 编写一个函数，用来实现左右循环移位。函数名为 move，调用方法为 move(value,n)。其中，value 为要循环位移的数，n 为位移的位数。如 n < 0 表示为左移；n > 0 为右移。如 n = 4，表示要右移 4 位；n = -4，表示要左移 4 位。

# 第12章　文　　件

本章主要介绍C语言文件的概念，以及C语言文件的建立和使用。通过本章的学习，应了解C语言文件的概念，熟练掌握C语言文件操作函数及读写函数，掌握C语言文件的建立和使用。

本章知识体系结构：

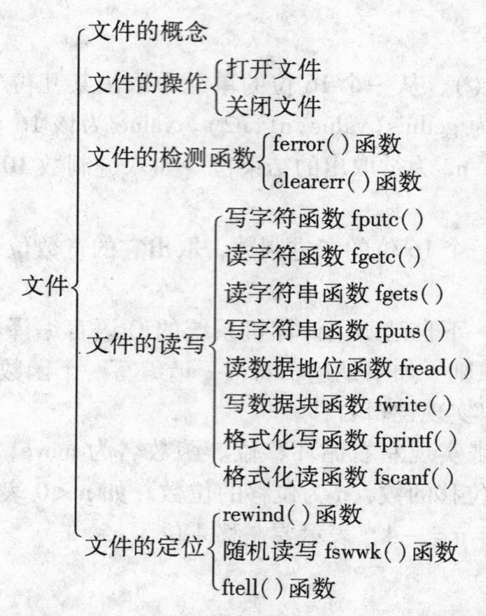


重点:C语言文件的建立和使用,C语言文件操作函数及读写函数的使用。

难点:C语言文件操作函数及读写函数的使用。

## 12.1　文件的概念

本节介绍文件的概念、文件中数据的组织形式、文件指针的概念及定义方法。

文件一般指存储在外部介质上一组相关数据的集合。

1）C语言中,文件不是由记录组成,而被看做是一个字符(字节)的序列,称为流文件。

2）文件根据数据的组织形式,可分为ASCII文件和二进制文件。

3）C语言对文件的处理方法有:缓冲文件系统和非缓冲文件系统。ANSI C标准采用缓冲文件系统。

4）在缓冲文件系统中,是靠“文件指针”与相应文件建立联系。如果有n个文件,一般应设n个文件指针变量,使它们分别指向n个文件,以实现对文件的访问。

5）文件指针的定义形式为:

```
FILE *文件指针变量;
```

## 12.2 文件的操作函数

本节介绍 fopen( )函数和 fclose( )函数的使用及注意事项，并对打开方式进行详细介绍。

C 语言对文件的操作由库函数来实现。在使用系统提供的标准库函数时，根据库函数的概念，必须要了解以下 4 个方面，并灵活运用。

1）函数的功能。

2）函数形式参数的个数和顺序，每个参数的类型和意义。

3）函数返回值的类型和意义。

4）函数原型所在的头文件。

对文件读写之前，应该打开该文件。在使用结束之后，应关闭该文件。

### 12.2.1 文件的打开

ANSI C 规定了标准输入输出函数库，用 fopen( ) 函数来实现打开文件。fopen( ) 函数的调用方式通常为：

```
FILE *fp;
fp = fopen("文件名","使用文件方式");
```

### 12.2.2 文件的关闭

在使用完一个文件后应该关闭它，以防止它再被误用。用 fclose( )函数关闭文件。fclose( )函数调用的一般形式为：

```
fclose(文件指针);
```

fclose( )函数也带回一个值。当顺利地执行了关闭操作，则返回值为 0；否则返回 EOF。EOF 是在 stdio. h 文件中定义的符号常量，值为 1。

## 12.3 文件的检测函数

1）文件结束检测函数一般形式为：

```
feof(文件指针)
```

此函数用来判断文件是否结束。如果文件结束，返回值为 1，否则为 0。

2）读写文件出错检测函数的一般调用形式为：

```
ferror(文件指针)
```

如果返回值为 0，表示未出错；如果返回一个非 0 值，表示出错。

在执行 fopen( )函数时，ferror( )函数的初始值自动置为 0。

3）使文件错误标志和文件结束标志置 0 函数的一般调用形式为：

```
clearerr(文件指针)
```

此函数用于清除出错标志和文件结束标志，使 feof 和 clearerr 的值变成 0。

4）流式文件中，当前位置检测函数的一般调用形式为：

```
ftell(文件指针)
```

ftell()函数的作用是得到流式文件中的当前位置，用相对于文件开头的位移量来表示。如果 ftell()函数的返回值为 1L，表示出错。例如：

```
k = ftell(fp);
if(k == -1L)
  printf("error\n");
```

变量 k 存放当前位置，如调用函数出错（如不存在此文件），则输出 error。

## 12.4 常用的读写函数

文件打开后，就可以对它进行读写了。文件的读写包括字符读写、数据读写、格式化读写、字读写和字符串读写等，它们都是通过函数来实现的。本节对常用的读写作详细介绍。

### 12.4.1 读写字符函数

**1. 写字符函数**

把一个字符写到磁盘文件上去。其一般调用形式为：

```
fputc(ch,fp);
```

其中，ch 是要输出的字符，它可以是一个字符常量，也可以是一个字符变量。fp 是文件指针变量。fputc(ch,fp)函数的作用是将字符(ch 的值)输出到 fp 所指向的文件中去。

fputc()函数也带回一个值,如果输出成功,则返回值就是输出的字符;如果输出失败,则返回一个 EOF(-1)。

**2. 读字符函数**

从指定的文件读入一个字符,该文件必须是以读或读写方式打开的。fgetc()函数的调用形式为：

```
ch = fgetc(fp);
```

fp 为文件型指针变量，ch 为字符变量。fgetc()函数带回一个字符，赋给 ch。如果在执行 fgetc()函数读字符时遇到文件结束符，则函数返回一个文件结束标志 EOF(-1)。

### 12.4.2 读写字符串函数

文件的字符串读写包括 fgets()函数和 fputs()函数。

**1. 读字符串函数**

fgets()函数的作用是从指定文件读入一个字符串。其一般调用形式为：

```
fgets(str,n,fp);
```

n 为要求得到的字符个数，但只从 fp 指向的文件输入 n-1 个字符，然后在最后加一个'\0'。因此，得到的字符串共有 n 个字符。把它们放到字符数组 str 中。如果在读完 n-1 个字符之前遇到换行符或 EOF，读入即结束。fgets()函数返回值为 str 的首地址。

2. 写字符串函数

fputs()函数的作用是向指定的文件输出一个字符串。其一般调用形式为：

```
fputs(str,fp);
```

把字符串表达式 str 输出到 fp 指向的文件。str 可以是数组名，也可以是字符串常量或字符型指针。

若输出成功，函数值为 0；失败时，为 EOF。

### 12.4.3 读写数据块函数

用 getc()和 putc()函数可以读写文件中的一个字符，但是常常要求一次读入一组数据（例如，一个实数或一个结构体变量的值）。ANSIC 标准提出设置两个函数（fread 和 fwrite），用来读写一个数据块。

1. 读数据块函数

它的一般调用形式为：

```
fread(buffer,size,count,fp);
```

这个函数从 fp 所指向的文件读入 count 次（每次 size 个字节）数据，存储到数组 buffer 中。

2. 写数据块函数

它的一般调用形式为：

```
fwrite(buffer,size,count,fp);
```

函数从数组 buffer 中读 count 次（每次 size 个字节）数据，写入 fp 所指向的文件中。

如果 fread 或 fwrite 调用成功，则函数返回值为 count 的值，即输入或输出数据项的完整个数。

### 12.4.4 格式化读写函数

fprintf()函数、fscanf()函数,与 printf()函数、scanf()函数作用相仿,都是格式化读写函数。只有一点不同：fprintf()和 fscanf()函数的读写对象不是终端而是磁盘文件。一般调用方式为：

```
fprintf(文件指针,格式字符串,输出表列);
fscanf(文件指针,格式字符串,输入表列);
```

## 12.5 文件的定位

本节介绍定位函数,即 rewind()、fseek()、ftell()函数的使用。

### 12.5.1 rewind()函数

rewind()函数的作用是使位置指针重新返回文件的开头。此函数没有返回值。

### 12.5.2 随机读写和 fseek()函数

用 fseek()函数可以实现改变文件的位置指针。

fseek( )函数的调用形式为:

fseek(文件类型指针,位移量,起始点)

“起始点”用0、1或2代替,0代表文件开始,1代表当前位置,2代表文件末尾。

“位移量”指以起始点为基点,向前移动的字节数。

利用fseek( )函数就可以实现随机读写了。

表12-1列出常用的缓冲文件系统函数。

**表12-1 常用的缓冲文件系统函数**

| 分类 | 函数名 | 功能 |
|---|---|---|
| 打开文件 | fopen( ) | 打开文件 |
| 关闭文件 | fclose( ) | 关闭文件 |
| 文件定位 | fseek( ) | 改变文件位置的指针位置 |
| | rewind( ) | 使文件位置指针重新置于文件开头 |
| | ftell( ) | 返回文件位置指针的当前值 |
| 文件读写 | fgetc( ),getc( ) | 从指定文件取得一个字符 |
| | fputc( ),putc( ) | 把字符输出到指定文件 |
| | fgets( ) | 从指定文件读取字符串 |
| | fputs( ) | 把字符串输出到指定文件 |
| | getw( ) | 从指定文件读取一个字(int型) |
| | putw( ) | 把一个字(int型)输出到指定文件 |
| | fread( ) | 从指定文件中读取数据项 |
| | fwrite( ) | 把数据项写到指定文件 |
| | scanf( ) | 从指定文件按格式输入数据 |
| | fprintf( ) | 按指定格式将数据写到指定文件中 |
| 文件状态 | feof( ) | 若到文件末尾,函数值为“真”(非0) |
| | ferror( ) | 若对文件操作出错,函数值为“真”(非0) |

## 12.6 实验

### 文件操作

**【实验目的和要求】**

1)掌握文件的概念,了解数据在文件中的存储方式。

2)掌握文件操作的基本步骤及错误处理。

3)掌握文件操作的相关函数。

**【实验内容】**

**1. 分析题**

分析下面程序的输出结果,并验证分析结果是否正确,再写出该程序的功能。

```
#include < stdio. h >
#define LEN 20
main( )
```

```
{   FILE *fp;
    char sl[LEN],s0[LEN];
    if((fp=fopen("t.txt","r"))==NULL)
    {   printf("cannot open file.\n");
        exit(0);
    }
    printf("fputs string:");
    gets(s1);
    fputs(sl,fp);
    if(ferror(fp));
      printf("\n errors processing file t.txt\n");
    fclose(fp);
    fp=fopen("t.tex","r");
    fgets(s0,LEN,fp);
    printf("fgets string:%s\n",s0);
    fclose(fp);
}
```

**2. 填空题**

请补充 main()函数，该函数的功能是：将保存在磁盘文件中 10 个学生中第 1、3、5、7、9 个学生的数据输入计算机，并在屏幕上显示出来。

```
#include <stdio.h>
struct student
{   char name[10];
    int num;
    int age;
    char sex;
}stud[10];
main()
{   int i;
    FILE *fp;
    if((fp=fopen("stuD.dat","rb"))==NULL)
    {   printf("can not open fileha");
        exit(0);
    }
    for(i=0;i<l0;i+= ________ )
    {   fseek(fp, ________ * sizeof(struct student),0);
        fread( ________ ,sizeof(struct student),1,fp);
        printf("%s%d%d%c\n",stud[i].name,stud[i].num,stud[i].age, stud[i].sex);
    }
    fclose(fp);
}
```

3. 编程题

建立两个磁盘文件 f1. dat 和 f2. dat，编写程序，实现以下功能：

1）从键盘输入 20 个整数，分别存放在两个磁盘文件中（每个文件中放 10 个整数）；

2）从 f1. dat 读入 10 个数，然后存放到 f2. dat 文件原有数据的后面；

3）从 f2. dat 读入 20 个整数，将它们按从小到大的顺序存放到 f1. dat（不保留原来的数据）。

## 12.7 习题

一、选择题

1. 若 fp 是指某文件的指针，且已读到文件的末尾，则表达式 feof(fp)的返回值是________。

A. EOF　　B. 1　　C. 非零值　　D. NULL

2. 下述关于 C 语言文件操作的结论中，正确的是________。

A. 对文件操作必须是先关闭文件

B. 对文件操作必须是先打开文件

C. 对文件操作顺序无要求

D. 对文件操作前，必须先测试文件是否存在，然后再打开文件

3. C 语言可以处理的文件类型是________。

A. 文本文件和数据文件　　B. 文本文件和二进制文件

C. 数据文件和二进制文件　　D. 数据代码文件

4. C 语言库函数 fgets(str,n,fp)的功能是________。

A. 从文件 fp 中读取长度为 n 的字符串，存入 str 指向的内存

B. 从文件 fp 中读取长度不超过 n - 1 的字符串，存入 str 指向的内存

C. 从文件 fp 中读取 n 个字符串，存入 str 指向的内存

D. 从 str 读取至多 n 个字符到文件 fp

5. C 语言中，文件的存取方式________。

A. 只能顺序存取　　B. 只能随机存取（也称为直接存取）

C. 可以是顺序存取，也可以是随机存取　　D. 只能从文件的开头存取

6. 阅读下述程序（左边是附加的行号）：

```
#include <stdio.h>          1 void main()
struct rec                  2 {   struct rec r;
{   int a;                  3     FILE *n;
    int b;                  4     r.a = 100;
}                           5     r.b = 'G' - 32;
                            6     f1 = fopen("f1","w");
                            7     fwrite(&r,sizeof(r),2,f1);
                            8     fclose(f1);
                            9 }
```

该程序________。

A. 没有错误　　B. 第5行有错误　　C. 第6行有错误　　D. 第7行有错误

7. fgets(str,n,fp)函数从文件中读入一个字符串，以下正确的叙述是________。

A. 字符串读入后不会自动加入'\0'

B. fp是file类型指针

C. fgets（）函数将从文件中最多读入n-1个字符

D. fgets（）函数将从文件中最多读入n个字符

8. 已知函数fread()的调用形式为fread(buffer,size,count,fp)，其中，buffer代表的是________。

A. 存放fgets读入数据项的存储区

B. 一个指向所读文件的文件指针

C. 存放读入数据的地址或指向此地址的指针

D. 一个整型变量，代表要读入的数据项总数

9. 函数调用语句“fseek(fp,10L,2);”的含义是________。

A. 将文件位置指针移动距离文件头10个字节处

B. 将文件位置指针从当前位置向文件尾方向移动10个字节

C. 将文件位置指针从当前位置向文件头方向移动10个字节

D. 将文件位置指针从文件末尾处向文件头方向移动10个字节

10. 以下程序将一个名为f1.dat的文件复制到一个名为f2.dat的文件中。请选择正确的答案，填入对应的横线上。

```
#include <stdio.h>
main()
{   char c;
    FILE *fpl,*fp2;
    fpl=fopen("f1.dat", __(1)__ );
    fp2=fopen("f2.dat", __(2)__ );
    c=getc(fpl);
    while(c!=EOF)
    {   putc(c,fp2);
        c=getc(fpl);
    }
    fclose(fpl);
    fclose(fp2);
    return;
}
```

1) A. "a"　　B. "rb"　　C. "rb+"　　D. "r"

2) A. "wb"　　B. "wb+"　　C. "w"　　D. "ab"

11. 在C语言中，从计算机的内存中将数据写入文件中，称为________。

A. 输入　　B. 输出　　C. 修改　　D. 删除

## 二、填空题

1. 用fopen()函数打开一个文本文件，在使用方式这一项中，为输出而打开需要填入________，为输入而打开需要填入________，为追加而打开需要填入________。

2. feof()函数可用于________文件和________文件。它用来判断即将读入的是否为________，若是，函数值为________，否则为________。

3. C语言中，调用________函数打开文件，调用________函数关闭文件。

4. 若ch为字符变量，fp为文本文件。请写出从fp所指文件读入一个字符时，可用的两种不同文件输入语句________、________。请写出把一个字符输出到fp所指文件中，可用的两种不同文件输出语句________、________。

5. 若要使文件中的位置指针重新回到文件的开头位置，可调用________函数。若需要将文件中的位置指针指向文件中的倒数第20个字符处，可调用________函数。

6. "sp = fgets(str,n,fp);"函数调用语句从________指向的文件输入________个字符，并把它们放到字符数组str中，sp得到________的地址。________函数的作用是向指定的文件输出一个字符串，输出成功，函数值为________。

7. 在C语言程序中，可以对文件进行的两种存取方式是________、________。

8. 在C语言文件中，数据存放的两种代码形式是________、________。

9. 函数调用语句"fgets(str,n,fp);"表示从fp指向的文件中读入________字符放到str数组中，函数值为________。

10. 在C语言中，文件指针变量的类型只能是________。

11. 请补充main()函数，该函数的功能是：先以只写方式打开文件out.dat，再把字符串str中的字符保存到这个磁盘文件中。仅在横线上填入所编写的若干表达式或语句，勿改动函数中的其他任何内容。

```
#include <stdio.h>
#define N 80
main()
{   FILE *fp;
    int i = 0;
    char ch;
    charstr[N] = "I'm astudent!";
    if((fp = fopen(  ________  )) == NULL)
    {   printf("cannot open out.dat\n");
        exit(0);
    }
    while(str[i])
    {   ch = str[i];
        ________ ;
        putchar(ch);
        i++;
    }
    ________ ;
}
```

12. 请补充 main( )函数，该函数的功能是把文本文件 B 中的内容追加到文本文件 A 的内容之后。

例如，文件 B 的内容为"I'm a teacher!",文件 A 的内容为"I'm a student!"。追加之后，文件 A 的内容为"I'm a student! I'm a teacher!"。

```
#include < stdio. h >
#define N 80
main( )
{   FILE  * f1 , * fpl , * fp2 ;
    int i;
    char c[ N ] ,t,ch;
    if( ( fp = fopen( " A. dat" ," r" ) ) = = NULL)
    {   printf( " file A cannot be opened\n" ) ;
        exit(0) ;
    }
    printf( " \n A contents are: \n\n" ) ;
    for( i = 0; ( ch = fgetc( fp) ) ) ! = EOF;i + + )
    {   c[ i] = ch;
        putchar( c[ i] ) ;
    }
    fclose( fp) ;
    if( ( fp = fopen( " B. dat" ," r" ) ) = = NULL)
    {   printf( " file B cannot be opened\n" ) ;
        exit(0) ; }
    printf( " \n\n B contents are: \n\n" ) ;
    for( i = 0; ( ch = fgetc( fp) ) ! = EOF;i + + )
    {   c[ i] = ch;
        putchar( c[ i] ) ;
    }
    fclose( fp) ;
    if( ( fpl  = fopen( " A. dat" , a) )  ________  ( fp2 = fopen( " B. dat" ," r" ) ) )
    {   while( ( ch = fgetc( fp2) ) ! = EOF)
        ________ ;
    }
    else
    {   printf( " Can not openA B!  \n" ) ;
    }
    fclose( fp) ;
    fclose( fpl) ;
    printf( " \n * * * * * * * * * * new A contents * * * * * * * * * * \n\n" ) ;
    if( ( fp = fopen( " A. dat" ," r" ) ) = = NULL)
    {   printf( " file A cmmot be opened\n" ) ;
        exit(0) ;
```

```
    }
    for(i=0;(ch=fgetc(fp))!=EOF;i++)
    {  c[i]=ch;
       putchar(c[i]);
    }
    ________;
}
```

13. 下面是一个文本文件修改程序。程序每次循环则读入一个整数，该整数表示相对文件头的偏移量。然后，程序按此位置显示文件中原来的值，并询问是否修改；若修改，则输入新的值，否则进行下一次循环。若输入值为 -1，则结束循环。

```
#include <stdio.h>
#include <conio.h>
void main(int arge,char * argv[])
{  FILE * fp;
   long off;
   char ch;
   if(argc!=2)
   return;
   if((fp=fopen(argv[1], ________))==NULL)
     return;
   do
   {   printf("\nlnput a byte num to display:");
       scanf("%ld",&off);
       if(off== -1L)
         break;
       fseek(fp,off,SEEK_SET);
       ch=fgetc(fp);
       if( ________ )                          /* 输入值过大 */
         continue;
       printf("\nThe byte is:%c",ch);
       printf("\nModify?");                    /* 询问是否修改 */
       ch=getche();
       if(ch=='y'|| ch=='Y')
       {   printf("\nlnput the char:");
           ch=getche();                        /* 输入新的字节内容 */
           fseek( ________ );
           fputc( ________ );
       }
   }while(1);
   fclose(fp);
}
```

14. 以下程序由终端键盘输入一个文件名，然后把终端键盘输入的字符依次存放到该文件中，以“#”作为结束输入的标志。

```
#include < stdio. h >
main( )
{   FILE  * fp;
    char fnarne[10];
    printf( " Input name of file\n" );
    gets( fname);
    if( ( fp = ________ ) == NULL)
    {   printf( " Cannot open\n" );exit(0);
    }
    printf( " Enter data\n" );
    while( ( ch = getchar( ) ) ! ='#')
      fputc( ________ ,fp);
    close( fp);
}
```

15. 假设文件 A. dat 和 B. dat 中的字符都按降序排列。下述程序将这两个文件合并成一序排列的文件 C. dat。

```
#indude < stdio. h >
void main( )
{   FILE * inl, * in2, * out;
    int flagl = 1,flag2 = 1;
    char a,b,c;
    inl = fopen( " A. dat" ," r" );
    in2 = fopen( " B. dat" ," r" );
    out = fopen( " C. dat'," w" );
    if( !  inl||! in2||! out)
    {   printf( " Can't open file. " );
        return;
    }
    do
    {   if( ! feof( inl) && ________ )
        {   a = fgetc( inl);
            if( ________ )
              break;
            if( !  feof( in2) &&flag2)
            {   b = fgetc( in2);
                if( ________ )
                  break;
                if( a > b)
                {   c = a;flagl = 1;
```

```
                flag2 = 0;
            }
            else
            {   c = b;
                flag1 = 0;
                flag2 = 1;
            }
            fputc( ________ );
        }
    while(1);
    fclose(in1);
    fclose(in2);
    fclose(out);
}
```

16. 下述程序实现文件的复制，文件名来自 main()中的参数。

```
#include <stdio.h>
void fcopy(FILE * fout,FILE * fin)
{   char k;
    do
    {   k = fgetc( ________ );
        if(feof(fin))
            break;
        fputc( ________ );
    }while(1);
}
void main(int argc,char * argv[])
{   FILE  * fin, * fout;
    if(argc! = 3)
        return;
    if((fin = fopen(argv[2],"rb")) == NULL)
        return;
    fout = ________ ;
    fcopy(fout,fin);
    fclose(fin);
    fclose(fout);
}
```

17. 下述程序用于统计文件中的字符个数，请填空。

```
#include <stdio.h>
void main()
{   FILE * fp;
    long num = 0;
```

```
    if((fp = fopen("TEST","r+")) == NULL)
    {   printf("Can't open file.");
        return;
    }
    while( ________ )
      num++;
      ________ ;
      printf("num = %ld",num);
}
```

**三、问答题**

阅读下列程序，回答问题。

```
#include"stdio.h"
main()
{   FILE *fp1, *fp2;
    if((fp1 = fopen("f1.txt","r")) == NULL)
    {   printf("connot open\n");
        exit(0);
    }
    if((fp2 = fopen("f2.txt","w")) == NULL)
    {   printf("connot open\n");
        exit(0);
    }
    while(! feof(fp1))
      fputc(fgetc(fp1),fp2);
    fclose(fp1);
    fclose(fp2);
}
```

1）程序的功能是什么？

2）将画线处的循环条件用另外一种方法表示，使程序的功能不变。

**四、编程题**

1. 编写一个程序，从键盘输入 200 个字符，存入名为 D:\aB.txt 的磁盘文件中。

2. 从上一题名为 D:\aB.txt 的磁盘文件中读取 120 个字符，并显示在屏幕上。

3. 编写一个程序，将磁盘当前目录下名为 cD.txt 的文本文件复制在同一目录下，文件名改为 cew2.txt。

4. 从键盘输入若干行字符（每行长度不等），输入后将它们存储到一个磁盘文件中。再从文件中读入这些数据，将其中的小写字母转换成大写字母后在显示屏上输出。

5. 有 5 个学生，每个学生有 3 门课的成绩。从键盘输入这些数据（包括学生号、姓名和 3 门课成绩），计算出平均成绩，将原有数据和计算出的平均分数存放在磁盘文件 stud 中。

# 第13章　实用项目开发技术简介

本章将以 Turbo C 2.0 为例，介绍使用 C 语言开发图形软件的基本知识与方法。通过本章的学习，掌握图形的应用和菜单设计技术，了解程序的组织与管理。

本章知识体系结构：

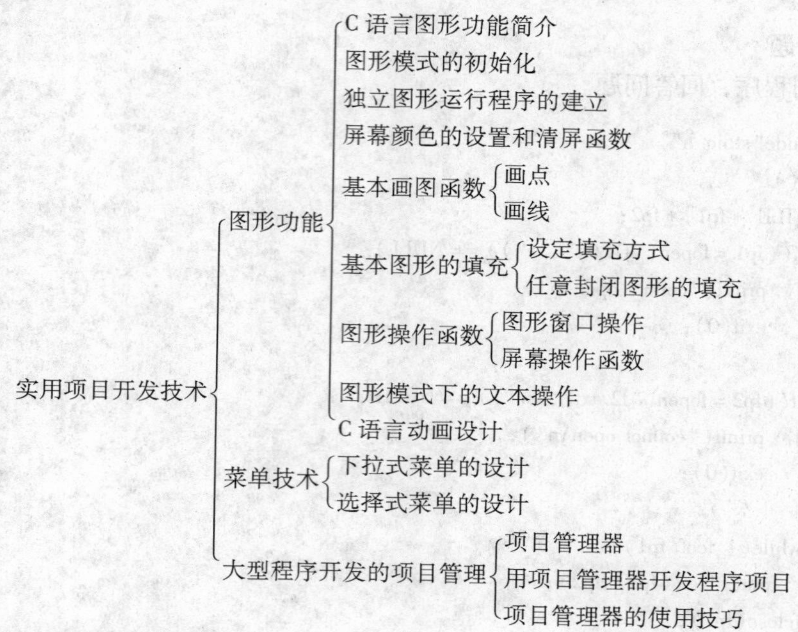


重点难点：图形功能的实现。

## 13.1　C 语言图形功能简介

本节对 C 语言图形函数及图形设计步骤作简要介绍。

C 语言提供了非常丰富的图形函数，所有图形函数的原型均在 graphics. h 中。使用图形函数时，要确保有显示器图形驱动程序 *. bgi，同时将集成开发环境 Options/Linker 中的 Graphics lib 选为 on，只有这样才能保证正确使用图形函数。

### 13.1.1　图形与硬件

图形与计算机系统硬件有着密切的关系。显示器的工作方式有两种：一种是文本方式，另一种是图形方式。要在计算机屏幕上显示图形，就必须在图形方式下进行。显示器一定要与图形功能卡（又称为图形适配器）配套使用，才能发挥它的图形功能。VGA/EGA 是当前最流行的图形适配器。

### 13.1.2 文本与图形

窗口是文本方式下，在屏幕上所定义的一个矩形区域。当程序向屏幕写入时，它的输出被限制在活动的窗口内，而窗口以外屏幕的其他部分不受影响。默认时窗口是整个屏幕，可以通过调用 window 函数，将默认的全屏幕窗口定义成小于全屏幕的窗口。窗口左上角的坐标为（1，1）。

图形窗口是图形方式下，在屏幕上所定义的一个矩形区域。图形窗口的定义是通过调用 setviewport 函数来完成的，当对一个图形窗口输出时，屏幕图形窗口以外的区域不受影响。图形窗口左上角的坐标为（0，0）。

**1. 文本方式下的编程函数**

文本方式下的函数有 4 类。

1）字符的输出与操作函数。

读写字符函数如下：

- cprintf( )——将格式化的输出到屏幕。
- cputs( )——将一个字符串送到屏幕。
- putch( )——将一个字符送到屏幕。
- getch( )——读一个字符并回显到屏幕上。

在屏幕上，操作字符和光标函数如下：

- clrscr( )——清除窗口内容。
- clreol( )——从光标处至行尾清空。
- delline( )——删除光标所在行。
- gotoxy( )——光标定位。
- insline( )——在光标所在行下方插入一个空行。
- movetext( )——将屏幕上一个区域的内容复制到另一个区域。
- gettext( )——将屏幕上一个区域的内容复制到内存。
- puttext( )——将内存中一块区域的内容复制到屏幕上的一个区域。

2）窗口和方式控制函数。

- textcmode( )——将屏幕设置成字符方式。
- window( )——定义一个窗口（文本）。

3）属性控制函数。

- textcolor( )——设置文本的前景颜色。
- textbackground( )——设置文本的背景颜色。
- textattr( )——同时设置文本的前景与背景颜色。
- highvideo( )——将字符设置成高亮度。
- lowvideo( )——将字符设置成低亮度。
- normvideo( )——将字符设置成正常亮度。

4）状态查询函数。

- wherex( )——取当前对象所在的 x 坐标值。
- wherey( )——取当前对象所在的 y 坐标值。

所有这些函数原型说明都在包含文件 conio. h 中。

2. **图形方式下的编程函数**

Turbo C 提供了一个具有几十个图形函数的函数库 graphics. lib。其原型都在包含文件 graphics. h 中列出。除了这两个文件,Turbo C 还提供了一组图形设备驱动程序( *. bgi)和一组矢量字体文件( *. chr)。

图形库只有一个,它适用于 Turbo C 的所有 6 种存储模式。因此,graphics. lib 库中的每一个函数都是 far 函数,图形函数所用的指针也都是 far 指针。为使这些函数能正常工作,需要在每个使用图形函数的模块前面加上如下包含预处理语句:

```
#include < graphics. h >
```

Turbo C 图形函数库中所提供的函数包括 7 类。

1）图形系统控制函数。

- closegraph( )——关闭图形状态,返回文本状态。
- detectgraph( )——测试硬件,决定使用哪一个图形驱动器和哪种图形方式。
- graphdefaults( )——重置所有图形系统变量为默认的设置。
- getgraphmode( )——返回当前的图形方式。
- initgraph( )——初始化图形系统,将硬件设置成图形方式。
- restorecrtmode( )——恢复 initgraph 之前的屏幕方式。
- setgraphbufsize( )——声明内部图形缓冲区的大小。
- Setgraphmode( )——选择指定的图形方式,清除屏幕,恢复所有的默认值。

2）画线与填充函数。

- arc( )——画一个圆弧。
- circle( )——画一个圆。
- drawpoly( )——画一个多边形。
- ellipse( )——画一个椭圆。
- line( )——画一条直线。
- lineto( )——从当前图形坐标位置开始到坐标(x,y)处结束画一条直线。
- moveto( )——将像素坐标移到(x,y)处。
- moverel( )——将当前像素坐标移动一个相对距离。
- rectangle( )——画一个矩形。
- fillpoly( )——画并填充一个多边形。
- pieslice( )——画并填充一个扇形。
- floodfill( )——填充一个封闭区域。
- bar( )——画并填充一个矩形。
- bar3d( )——画并填充一个三维矩形。
- setfillstyle( )——设置填充图案和颜色。
- setlinestyle( )——设置当前画线的宽度和式样。
- getarccords( )——返回上次调用 arc 或 ellipse 的坐标。
- getaspectratio( )——返回当前图形方式的长宽比。

- getlinesettings()——返回当前的画线式样、模式和宽度。
- getfillpattern()——返回用户定义的填充图案。
- getflllsettings()——返回有关当前填充图案和填充颜色的信息。

3）管理屏幕和图形窗口函数。

- cleardevice()——清除屏幕。
- setactivepage()——设置图形输出的活动页。
- setvisualpage()——设置可见图形页面。
- clearviewport()——清除当前图形窗口。
- getviewsettings()——返回关于当前图形窗口的信息。
- setviewport()——为图形的输出设置当前输出图形窗口。
- getimage()——将指定区域的位图像存入内存。
- imagesize()——返回保存屏幕一个矩形区域所需的字节数。
- putimage()——将用 getimage()保存的位图像放到屏幕上。
- getpixel()——取得(x,y)处的像素颜色。
- putpixel()——在(x,y)处画一个像素。

4）图形方式下的字符输出函数。

- gettextsettings()——返回当前字体、方向、大小和对齐方式。
- outtext()——在当前位置输出一个字符串。
- outtextxy()——在指定位置输出一个字符串。
- registerbgifout()——登录连接进来或用户装入的字体文件 *. bgi。
- settextjusti()——设置 outtext 和 outtextxy 所用的对齐方式编码值。
- settexttstyle()——设置当前字体、式样和字符放大因子。
- setusercharsize()——设置当前矢量字体宽度和高度的比例。
- textheight()——返回以像素为单位的字符串高度。
- textwidth()——返回以像素为单位的字符串宽度。

5）颜色控制函数。

- getbkcolor()——返回当前背景颜色。
- getcolor()——返回当前画线颜色。
- getmaxcolor()——返回当前图形方式下最大的可用颜色值。
- getpalette()——返回当前调色板及其尺寸。
- setaltpalette()——按指定颜色改变所有调色板的颜色。
- setbkcolor()——设置当前背景颜色。
- setcolor()——设置当前画线颜色。
- setpalette()——按参数所指定的颜色改变一个调色板的颜色。

6）图形方式下的错误处理函数。

- grapherrormsg()——返回指定的 errorcode 错误信息字符串。
- graphresult()——返回上一次遇到问题的图形操作错误代码。

7）状态查询函数。

- getaspectratio( )——返回图形屏幕的长宽比。
- getmaxx( )——返回当前 x 的分辨率。
- getmaxy( )——返回当前 y 的分辨率。
- geyx( )——返回当前像素 x 的坐标。
- gety( )——返回当前像素 y 的坐标。

### 13.1.3 图形设计

使用 Turbo C 图形系统的步骤。

**1. 设置图形方式**

initgraph( )是图形方式初始化函数，用于初始化图形系统，这是图形设计的第一步。

**2. 绘制图形**

在图形方式下使用各种绘图函数绘制图形，这是图形设计的第二步。

**3. 关闭图形方式**

closegraph( )函数用来关闭图形方式并返回文本方式，这是图形设计的第三步。

## 13.2 图形模式的初始化

本节对图形模式的初始化作详细介绍。

设置屏幕为图形模式，可用下列图形初始化函数：

```
void far initgraph(int far *gdriver,int far *gmode,char *path);
```

参数说明：

1）gdriver 指定图形方式的代码。可以直接指定一种图形方式，也可以让系统自动去测试所使用的机器环境提供的是哪一种图形适配器，这时，需要将 gdriver 设置成 DETECT。

2）gmode 用来设置分辨率。如果 gdriver 设置成 DETECT，则 gmode 将自动根据 gdriver 测试出的图形适配器选择并指定一个适合这种图形适配器的最高分辨率。

3）path 用来指定图形驱动程序所在的路径，即指定 *. bgi 存放的路径。

图形驱动程序的扩展名为 . bgi，包括 ATT. bgi、CGA. bgi、EGAVGA. bgi、HERC. bgi、IBM8514. bgi 和 PC3270. vfi 共 6 个文件。在 Turbo C 2.0 中，这 6 个文件就在 Turbo C 2.0 的安装目录中，由于 initgraph 函数会自动到安装目录中搜索图形驱动程序，所以，该函数的第 3 个参数可以设置为空，用一对空的引号表示（“”）。

有关图形驱动器、图形模式的符号常数及对应的分辨率如表 13-1 所示。

**表 13-1　图形驱动器、模式的符号常数及数值**

| 符号常数 | 数　值 | 符号常数 | 数　值 |
| --- | --- | --- | --- |
| CGA 1 CGAC0 | 0 | C0 | 320×200 |
| CGACl | 1 | C1 | 320×200 |
| CGAC2 | 2 | C2 | 320×200 |
| CGAC3 | 3 | C3 | 320×200 |
| CGAHI | 4 | 2 色 | 640×200 |
| MCGA 2 MCGAC0 | 0 | CO | 320×200 |

（续）

| 符号常数 | 数　值 | 符号常数 | 数　值 |
|---|---|---|---|
| MCGACl | 1 | C1 | 320×200 |
| MCGAC2 | 2 | C2 | 320×200 |
| MCGAC3 | 3 | C3 | 320×200 |
| MCGAMED | 4 | 2色 | 640×200 |
| MCGAHI | 5 | 2色 | 640×480 |
| EGA 3 EGALO | 0 | 16色 | 640×200 |
| EGAHI | 1 | 16色 | 640×350 |
| EGA64 4 EGA64LO | 0 | 16色 | 640×200 |
| EGA64HI | 1 | 4色 | 640×350 |
| EGAMON 5 EGAMONHI | 0 | 2色 | 640×350 |
| IBM8514 6 IBM8514LO | 0 | 256色 | 640×480 |
| IBM8514HI | 1 | 256色 | 1024×768 |
| HERC 7 HERCMONOHI | 0 | 2色 | 720×348 |
| ATT400 8 ATT400CO | 0 | C0 | 320×200 |
| ATT400C 1 | 1 | C1 | 320×200 |
| ATT400C2 | 2 | C2 | 320×200 |
| ATT400C3 | 3 | C3 | 320×200 |
| ATT400MED | 4 | 2色 | 320×200 |
| ATT400HI | 5 | 2色 | 320×200 |
| VGA 9 VGAL0 | 0 | 16色 | 640×200 |
| VGAMED | 1 | 16色 | 640×350 |
| VGAHI | 2 | 16色 | 640×480 |
| PC3270 1O PC3270HI | 0 | 2色 | 720×350 |
| DETECT | 0 | 用于硬件测试 | |

有时，编程者并不知道所用的图形显示器适配器种类，或者需要将编写的程序用于不同的图形驱动器。C语言提供了一个自动检测显示器硬件的函数，其调用格式为：

```
void far detectgraph(int *gdriver, *gmode);
```

C语言提供了退出图形状态的函数closegraph，其调用格式为：

```
void far closegraph(void);
```

调用该函数后可退出图形状态而进入文本方式（C语言默认方式），并释放用于保存图形驱动程序和字体的系统内存。

## 13.3 独立图形运行程序的建立

本节介绍独立图形运行程序的建立。

C语言对于用initgraph函数直接进行的图形初始化程序，在编译和连接时，并没有将相应的驱动程序*.BGI装入到执行程序，当程序进行到initgraph语句时，再从该函数中第3个形式参数char *path中所规定的路径中去找相应的驱动程序。若没有驱动程序，则在安装目录中去找，如仍没有，将会出现错误：

```
BGI Error:graphics not initialized(use 'initgraph')
```

因此，为了使用方便，应该建立一个不需要驱动程序就能独立运行的可执行图形程序。C 语言中，规定用下述步骤（这里以 EGA、VGA 显示器为例）。

1）在 C:\TURBO C 子目录下输入命令:BGIOBJ EGAVGA

此命令将驱动程序 EGAVGA. bgi 转换成 EGAVGA. obj 的目标文件。

2）在 C:\TURBO C 子目录下输入命令:TLIB LIB\GRAPHICS. LIB + EGAVGA。

此命令的意思是将 EGAVGA. obj 的目标模块装到 GRAPHICS. lib 库文件中。

3）在程序中，initgraph 函数调用之前加上以下语句：

```
registerbgidriver(EGAVGA_driver);
```

该函数告诉连接程序：在连接时，把 EGAVGA 的驱动程序装入到用户的执行程序中。

经过上面处理，编译连接后的执行程序可在任何目录或其他兼容机上运行。

## 13.4 屏幕颜色的设置和清屏函数

本节介绍屏幕颜色的设置和清屏函数。

对于图形模式的屏幕颜色设置，同样分为背景色的设置和前景色的设置。在 C 语言中分别用下面两个函数表示。

设置背景色：void far setbkcolor(int color)；

设置作图色：void far setcolor(int color)；

其中 color 为图形方式下颜色的规定数值。

对于 EGA、VGA 显示器适配器，有关颜色的符号常数及数值如表 13-2 所示。

表 13-2　有关屏幕颜色的符号常数

| 符号常数 | 数值 | 含义 | 符号常数 | 数值 | 含义 |
|---|---|---|---|---|---|
| BLACK | 0 | 黑色 | DARKGRAY | 8 | 深灰 |
| BLUE | 1 | 蓝色 | LIGHTBLUE | 9 | 深蓝 |
| GREEN | 2 | 绿色 | LIGHTGREEN | 10 | 淡绿 |
| CYAN | 3 | 青色 | LIGHTCYAN | 11 | 淡青 |
| RED | 4 | 红色 | LIGHTRED | 12 | 淡红 |
| MAGENTA | 5 | 洋红 | LIGHTMAGENTA | 13 | 淡洋红 |
| BROWN | 6 | 棕色 | YELLOW | 14 | 黄色 |
| LIGHTGRAY | 7 | 淡灰 | WHITE | 15 | 白色 |

对于 CGA 适配器，背景色可以为表 13-2 中 16 种颜色的一种，但前景色依赖于不同的调色板。共有 4 种调色板，每种调色板上有 4 种颜色可供选择。不同调色板所对应的颜色如表 13-3 所示。

表 13-3　CGA 调色板与颜色值表

| 调色板 | | 背景 | | |
|---|---|---|---|---|
| 符号常数 | 数值 | 1 | 2 | 3 |
| C0 | 0 | 绿 | 红 | 黄 |
| C1 | 1 | 青 | 洋红 | 白 |
| C2 | 2 | 淡绿 | 淡红 | 黄 |
| C3 | 3 | 淡青 | 淡洋 | 红白 |

清除图形屏幕内容使用清屏函数：

```
void far cleardevice(void);
```

C 语言也提供了几个获得现行颜色设置情况的函数。

```
int far getbkcolor(void);          /* 返回现行背景颜色值 */
int far getcolor(void);            /* 返回现行作图颜色值 */
int far getmaxcolor(void);         /* 返回最高可用的颜色值 */
```

## 13.5 基本画图函数

本节介绍基本图形函数，包括画点、线及其他一些基本图形的函数。

### 13.5.1 画点

**1. 画点函数**

```
void far putpixel(int x,int y,int color);
```

该函数表示由指定的象元画一个按 color 所确定颜色的点。对于颜色 color 的值可从表 13-3 中获得，而 x、y 是指图形象元的坐标。

在图形模式下，是按象元来定义坐标的。C 语言的图形函数都是相对于图形屏幕坐标，即象元来说的。

关于点的另外一个函数是“int far getpixel(int x,int y);”，它获得当前点(x,y)的颜色值。

**2. 有关坐标位置的函数**

```
int far getmaxx(void);             /* 返回 x 轴的最大值 */
int far getmaxy(void);             /* 返回 y 轴的最大值 */
int far getx(void);                /* 返回游标在 x 轴的位置 */
int far gety(void);                /* 返回游标在 y 轴的位置 */
void far moveto(int x,int y);      /* 移动游标到(x,y)点,不是画点,在移动过程中画点 */
void far moverel(int dx,int dy);   /* 移动游标从现行位置(x,y)移动到(x + dx,y + dy),移动过
                                      程中不画点 */
```

### 13.5.2 画线

**1. 画线函数**

C 语言提供了一系列画线函数，下面分别叙述：

【语法格式】void far line(int x0,int y0,int x1,int y1);

【功能】画一条从点(x0,y0)到(x1,y1)的直线。

【语法格式】void far lineto(int x,int y);

【功能】画一条从现行游标到点(x,y)的直线。

【语法格式】void far linerel(int dx,int dv);

【功能】画一条从现行游标(x,y) 到按相对增量确定点(x + dx,y + dy)的直线。

【语法格式】void far circle(int x,int y,int radius);

【功能】以(x,y)为圆心,radius 为半径画一个圆。

【语法格式】void far arc(int x,int y,int stangle,int endangle,int radius);

【功能】以(x,y)为圆心，radius 为半径，从 stangle 开始到 endangle 结束用度表示，画一段圆弧线。

在 C 语言中，规定 x 轴正向为 0°，逆时针方向旋转一周，依次为 90°、180°、270°和 360°（其他有关函数也按此规定，不再重述）。

【语法格式】void ellipse(int x,int y,int stangle,int endangle,int xradius,int yradius);

以(x,y)为中心，xradius 和 yradius 分别为 x 轴和 y 轴半径，从 stangle 开始到 endangle 结束画一段椭圆线，当 stangle = 0,endangle = 360 时，画出一个完整的椭圆。

【语法格式】void far rectangle(int x1,int y1,int x2,int y2);

【功能】以(x1,y1)为左上角,(x2,y2)为右下角画一个矩形框。

【语法格式】void far drawpoly(int numpoints,int far *polypoints);

【功能】画一个顶点数为 numpoints,各顶点坐标由 polypoints 给出的多边形。polypoints 整型数组必须至少有两倍顶点数个元素。每一个顶点的坐标都定义为 x、y,并且 x 在前。值得注意的是,当画一个封闭的多边形时,numpoints 的值取实际多边形的顶点数加 1,并且数组 polypoints 中第一个和最后一个点的坐标相同。

**2. 设定线型函数**

在没有对线的特性进行设定之前,C 语言用其默认值,即一点宽的实线,但 C 语言也提供了可以改变线型的函数。

线型包括:宽度和形状。其中,宽度只有两种选择:一种是一点宽,另一种是三点宽。而线的形状则有 5 种。下面介绍有关线型的设置函数。

【语法格式】void far setlinestyle (int linestyle,unsigned upattern,int thickness);

【功能】该函数用来设置线的有关消息,其中 linestyle 是线形状的规定,如表 13-4 所示。

**表 13-4　有关线的形状(linestyle)**

| 符号常数 | 数　值 | 含　义 | 符号常数 | 数　值 | 含　义 |
|---|---|---|---|---|---|
| ISOLID_LINE | 0 | 实线 | DASHED_LINE | 3 | 点画线 |
| DOTTED_LINE | 1 | 点线 | USERBIT_LINE | 4 | 用户定义线 |
| CENTER_LINE | 2 | 中心线 | | | |

thickness 是线的宽度,如表 13-5 所示。

**表 13-5　有关线的宽度(thickness)**

| 符号常数 | 数　值 | 含　义 |
|---|---|---|
| NORM_WIDTH | 1 | 一点宽 |
| THIC_WIDTH | 3 | 三点宽 |

对于 upattern,只有 linestyle 选择 USERBIT_LINE 时才有意义(选其他线性,upattern 取 0 即可)。此时,upattern 16 位二进制数的每一位代表一个象元,如果该位为 1,则该象元打开,否则该象元关闭。

【语法格式】void far getlinesettings (struct linesettingstype far *lineinfo);

【功能】该函数将有关线的信息存放到由 lineinfo 指向的结构中。其中，linesettingstype 的结构定义如下：

```
struct 1inesettingstype
{    int 1inestyle;
unsigned upattern;
int thickness; }
```

【语法格式】void far setwritemode (int mode);

【功能】该函数规定画线的方式。如果 mode = 0，则表示画线时将所画位置的原来信息覆盖了（这是 C 语言的默认方式）。如果 mode = 1，则表示画线时用现在特性的线与所画之处原有的线进行异或（XOR）操作，实际上画出的线是原有线与现在规定的线进行异或后的结果。因此，当线的特性不变，进行两次画线操作相当于没有画线。

## 13.6 基本图形的填充

本节介绍基本图形的填充。

填充就是用规定的颜色和图模填满一个封闭图形。

C 语言提供了一些先画出基本图形轮廓，再按规定图模和颜色填充整个封闭图形的函数。在没有改变填充方式时，C 语言以默认方式填充。

【语法格式】void far bar(int x1,int y1,int x2,int y2);

【功能】确定一个以(x1,y1)为左上角，(x2,y2)为右下角的矩形窗口，再按规定图模和颜色填充。此函数不画出边框，所以填充色为边框。

【语法格式】void far bar3d(int x1,int y1,int x2,int y2,int depth,int topflag);

【功能】当 topflag 为非 0 时，画出一个三维的长方体。当 topflag 为 0 时，三维图形不封项，实际上很少这样使用。

【说明】bar3d 函数中，长方体第三维的方向不随任何参数而变，即始终为 45°的方向。

【语法格式】void far pieslice(int x,int y,int stangle,int endangle,int radius);

【功能】画一个以(x,y)为圆心，radius 为半径，stangle 为起始角度，endang1e 为终止角度的扇形，再按规定方式填充。当 stangle = 0，endangle = 360 时，变成一个实心圆，并在圆内从圆点沿 x 轴正向画一条半径。

【语法格式】void far sector(int x,int y,int stanle,int endangle,int xradius,int yradius);

【功能】画一个以(x,y)为圆心，分别以 xradius、yradius 为 x 轴和 y 轴半径，stangle 为起始角，endangle 为终止角的椭圆扇形，再按规定方式填充。

### 13.6.1 设定填充方式

C 语言有 4 个与填充方式有关的函数。

【语法格式】void far setfillstyle(int pattern,int color);

【功能】color 的值是当前屏幕图形模式时颜色的有效值。pattern 的值及与其等价的符号常数如表 13-6 所示。

表 13-6 关于填充式样 pattern 的规定

| 符号常数 | 数值 | 含义 |
| --- | --- | --- |
| EMPTY_ FILL | 0 | 以背景颜色填充 |
| SOLID_ FILL | 1 | 以实线填充 |
| LINE_ FILL | 2 | 以直线填充 |
| LTSLASH_ FILL | 3 | 以斜线填充（阴影线） |
| SLASH_ FILL | 4 | 以粗斜线填充（粗阴影线） |
| BKSLASH_ FILL | 5 | 以粗反斜线填充（粗阴影线） |
| LTBKSLASH_ FILL | 6 | 以反斜线填充（阴影线） |
| HATURBO H_ FILL C | 7 | 以直方网格填充 |
| XHATURBO H_ FILL C | 8 | 以斜网格填充 |
| INTTERLEAVE_ FILL | 9 | 以间隔点填充 |
| WIDE_ DOT_ ILL | 10 | 以稀疏点填充 |
| CLOSE_ DOS_ FILL | 11 | 以密集点填充 |
| USER_ FILL | 12 | 以用户定义式样填充 |

除 USER_FILL（用户定义填充式样）以外，其他填充式样均可由 setfillstyle 函数设置。当选用 USER_FILL 时，该函数对填充图模和颜色不作任何改变。之所以定义 USER_FILL，主要在获得有关填充信息时用到此项。

【语法格式】void far setfillpattern(char *upattern,int color);

【功能】设置用户定义的填充图模颜色，以供对封闭图形填充。其中，upattern 是一个指向 8 个字节的指针。这 8 个字节定义了 8×8 点阵的图形。每个字节的 8 位二进制数表示水平 8 点，8 个字节表示 8 行，然后以此为模型向各封闭区域填充。

【语法格式】void far getfillpattern(char * upattern);

【功能】该函数将用户定义的填充图模存入 upattern 指针指向的内存区域。

【语法格式】void far getfillsetings(struct fillsettingstype far *fillinfo);

【功能】获得现行图模的颜色，并存入结构指针变量 fillinfo 中。其中，fillsettingstype 结构定义如下：

```
struct fillsettingstype
{ int pattern;              /*现行填充模式*/
  int color;};              /*现行填充颜色*/
```

## 13.6.2 任意封闭图形的填充

C 语言还提供了一个可对任意封闭图形填充的函数。

【语法格式】void far floodfill(int x, int y,int border);

【功能】其中 x、y 为封闭图形内任意以 border 为边界的颜色，也就是封闭图形轮廓的颜色。调用了该函数后，将用规定的颜色和图模填满整个封闭图形。

**注意：**

1）如果 x 或 y 取在边界上，则不进行填充。

2）如果不是封闭图形，则填充会从没有封闭的地方溢出去，填满其他地方。

3）如果 x 或 y 在图形外面，则填充封闭图形外的屏幕区域。

4）由 border 指定的颜色值必须与图形轮廓的颜色值相同，但填充色可选任意颜色。

## 13.7 图形操作函数

本节介绍图形操作函数，以及利用这些函数对图形窗口和屏幕进行相关操作。

通过图形操作函数，可以对图形窗口和屏幕进行相关操作。

### 13.7.1 图形窗口操作

和文本方式下可以设定屏幕窗口一样，图形方式下也可以在屏幕上某一区域设定窗口，只是设定的为图形窗口而已。其后的有关图形操作都将以这个窗口的左上角（0，0）作为坐标原点，而且可以通过设置，使窗口之外的区域为不可接触区。这样，所有的图形操作就被限定在窗口内进行。

【语法格式】void far setviewport(int x1,int y1,int x2,int y2,int clipflag);

【功能】设定一个以(x1,y1)象元点为左上角，(x2,y2)象元点为右下角的图形窗口，其中 x1、y1、x2、y2 是相对于整个屏幕的坐标。若 clipflag 为非 0，则设定的图形以外部分不可接触；若 clipflag 为 0，则图形窗口以外可以接触。

【语法格式】void far clearviewport(void);

【功能】清除现行图形窗口的内容。

【语法格式】void far getviewsettings(struct viewporttype far *viewport);

【功能】获得关于现行窗口的信息，并将其存于 viewporttype 定义的结构变量 viewport 中，其中，viewporttype 的结构说明如下：

```
struct viewporttype
{   int left,top,right,bottom;
    int cliplag; };
```

**注意：**

1）窗口颜色的设置与前面讲过的屏幕颜色设置相同，但屏幕背景色和窗口背景色只能是一种颜色。如果窗口背景色改变，整个屏幕的背景色也将改变，这与文本窗口不同。

2）可以在同一个屏幕上设置多个窗口，但只能有一个现行窗口工作，要对其他窗口操作，通过将定义那个窗口工作的 setviewport 函数再用一次即可。

3）前面讲过，图形屏幕操作的函数均适于对窗口的操作。

### 13.7.2 屏幕操作函数

除了清屏函数以外，关于屏幕操作还有以下函数：

```
void far setactivepage(int pagenum);
void far setvisualpage(int pagenum);
```

这两个函数只用于 EGA、VGA 以及 HERCULES 图形适配器。

setactivepage 函数是为图形输出选择激活页。

所谓激活页，是指后续图形的输出被写到函数选定的 pagenum 页面，该页面并不一定可见。

setvisualpage 函数可使 pagenum 所指定的页面变成可见页。页面从 0 开始（C 语言默认页）。

如果先用 setactivepage 函数在不同页面上画出一幅幅图像，再用 setvisualpage 函数交替显示，就可以实现一些动画效果。

```
void far getimage(int x1,int y1,int x2,int y2,void far *8mapbuf);
void far putimge(int x,int y, void *mapbuf,int op);
unsined far imagesize(int x1,int y1,int x2,int y2);
```

这 3 个函数用于将屏幕上的图像复制到内存，然后再将内存中的图像送回到屏幕上。首先通过函数 imagesize，测试要保存左上角为（x1，y1）、右上角为（x2，y2）的图形屏幕区域内的全部内容需多少个字节，然后再给 mapbuf 分配一个所测数字节内存空间的指针。通过调用 getimage 函数，就可将该区域内的图像保存在内存中。需要时，可用 putimage 函数将该图像输出到左上角为（x，y）的位置上。其中，putimage 函数中的参数 op 规定如何释放内存中的图像。关于这个参数的定义如表 13-7。

表 13-7　putimage 函数中的 op 值

| 符号常数 | 数　值 | 含　义 |
| --- | --- | --- |
| COPY_ PUT | 0 | 复制 |
| XOR_ PUT | 1 | 与屏幕图像异或后复制 |
| OR_ PUT | 2 | 与屏幕图像或后复制 |
| AND_ UT | 3 | 与屏幕图像与后复制 |
| NOT_ PUT | 4 | 复制反像的图形 |

对于 imagesize 函数，只能返回字节数小于 64KB 的图像区域，否则将会出错，出错时返回 -1。

## 13.8　图形模式下的文本操作

本节介绍图形模式下对文本的操作。

在 C 语言的图形模式下，可以通过相关函数输出并设置文本。

### 13.8.1　文本的输出

在图形模式下，只能用标准输出函数输出文本到屏幕。除此之外，其他输出函数（如窗口输出函数）不能使用，即使是可以输出的标准函数，也只以前景色为白色，按 80 列、25 行的文本方式输出。

C 语言也提供了一些专门用于在图形显示模式下的文本输出函数。

【语法格式】void far outtext(char far *textstring);

【功能】输出字符串指针 textstring 所指的文本在现行位置。

【语法格式】void far outtextxy(int x, int y,char far *textstring);

【功能】输出字符串指针 textstring 所指文本在规定的(x,y)位置。其中 x 和 y 为象元坐标。

【说明】这两个函数都是输出字符串，但经常会遇到输出数值或其他类型的数据，此时就必须使用格式化输出函数 sprintf。

sprintf 函数的调用格式为：

```
int sprintf(char * str,char *format,variable_1ist);
```

它与 printf 函数不同之处是将按格式化规定的内容写入 str 指向的字符串中，返回值等于写入的字符个数。

### 13.8.2 文本字体、字型和输出方式的设置

有关图形方式下的文本输出函数，可以通过 setcolor 函数设置输出文本的颜色。另外，也可以改变文本字体大小，以及选择是水平方向输出还是垂直方向输出。

【语法格式】void far settextjustify(int horiz,int vert);

【功能】该函数用于定位输出字符串。

对使用 outtextxy(int x,int y,char far *str textstring)函数所输出的字符串，其中哪个点对应于定位坐标（x, y），在 Turbo C 2.0 中是有规定的。如果把一个字符串看成一个长方形的图形，在水平方向显示时，字符串长方形按垂直方向可分为顶部、中部和底部 3 个位置，水平方向可分为左、中、右 3 个位置，两者结合就有 9 个位置。

settextjustify 函数的第一个参数 horiz 指出水平方向 3 个位置中的一个，第二个参数 vert 指出垂直方向 3 个位置中的一个，二者就确定了其中一个位置。当规定了这个位置后，用 outtextxy 函数输出字符串时，字符串长方形的这个规定位置就对准函数中的（x, y）位置。而用 outtext 函数输出字符串时，这个规定的位置就位于现行游标的位置。有关参数 horiz 和 vert 的取值如表 13-8 所示。

表 13-8　参数 horiz 和 vert 的取值

| 符号常数 | 数　值 | 用　于 |
| --- | --- | --- |
| LEFT_ TEXT | 0 | 水平 |
| BOTTOM_ TEXT | 0 | 垂直 |
| TOP_ TEXT | 2 | 垂直 |

【功能】该函数用来设置输出字符的字型（由 font 确定）、输出方向（由 direction 确定）和字符大小（由 charsize 确定）等特性。

C 语言对函数中各个参数的规定如表 13-9 至 13-11 所示。

表 13-9　font 的取值

| 符号常数 | 数　值 | 含　义 |
| --- | --- | --- |
| DEFAULT_ FONT | 0 | 8×8 点阵字（默认值） |
| TRIPLEX_ FONT | 1 | 3 倍笔画字体 |
| SMALL_ FONT | 2 | 小号笔画字体 |
| SANSSERIF_ FONT | 3 | 无衬线笔画字体 |
| GOTHIC_ FONT | 4 | 黑体笔画字 |

表 13-10 direction 的取值

| 符号常数 | 数值 | 含义 |
| --- | --- | --- |
| HORIZ_ DIR | 0 | 从左到右 |
| VERT_ DIR | 1 | 从底到顶 |

表 13-11 charsize 的取值

| 符号常数或数值 | 含义 | 符号常数或数值 | 含义 |
| --- | --- | --- | --- |
| 1 | 8×8 点阵 | 7 | 56×56 点阵 |
| 2 | 16×16 点阵 | 8 | 64×64 点阵 |
| 3 | 24×24 点阵 | 9 | 72×72 点阵 |
| 4 | 32×32 点阵 | 10 | 80×80 点阵 |
| 5 | 40×40 点阵 | USER_ CHAR_ SIZE=0 | 用户定义的字符大小 |
| 6 | 48×48 点阵 | | |

### 13.8.3 用户对文本字符大小的设置

前面介绍的 settextstyle 函数，可以设定图形方式下输出文本字符的字体和大小。但对于笔画型字体（除 8×8 点阵字以外的字体），只能在水平和垂直方向，以相同的放大倍数放大。

为此，C 语言又提供了另外一个 setusercharsize 函数，对笔画字体可以分别设置水平和垂直方向的放大倍数。

【语法格式】void far setusercharsize(int mulx, intdivx,int muly,int divy);

该函数用来设置笔画型字体和放大系数，它只有在 settextstyle 函数中的 charsize 为 0（或 USER _CHAR_SIZE）时才起作用，并且字体为函数 settextstyle 规定的字体。

调用函数 setusercharsize 后，每个显示在屏幕上的字符都以其默认大小乘以 mulx/divx 为输出字符宽，乘以 muly/divy 为输出字符高。

## 13.9 C 语言动画设计

本节介绍两种动画设计方法。

**1. 用随机函数实现动画的技巧**

在一些特殊的 C 语言动画技术中，可以利用随机函数 int random（int num）取一个 0 ~ num 范围内的随机数，经过某种运算后，再利用 C 语言的作图语句产生各种大小不同的图形，也能产生很强的移动感。

**2. 用 putimage 函数实现动画的技巧**

计算机图形动画显示的是由一系列静止图像在不同位置上的重现。计算机图形动画技术一般分为画擦法和覆盖刷新法两大类。画擦法是先画 T 时刻的图形，然后在 T+△T 时刻将它擦掉。改画新时刻的图形是由点、线和圆等基本图元组成。这种一画一擦的方法对于实现简单图形的动态显示比较有效。而当需要显示比较复杂的图形时，由于画擦图形时间相对较长，致使画面在移动时出现局部闪烁现象，使得动画视觉效果变差。所以，为提高图形的动态显示效果，在显示比较复杂的图形时，多采用覆盖刷新的方法。

在 Turbo C 的图形函数中，有几个函数可完成动画的显示。

1）getimage(int left, int top, int right, int bottom, void far * bur)函数将屏幕图形部分复制到由 bur 所指向的内存区域。

2）imagesize 函数用来确定存储图形所需的字节数。所定义的字节数根据实际需要，可以定义得多一些。

3）putimage 函数可以将 getimage 函数存储的图形重写在屏幕上。利用 putimage 函数中的 COPY_PUT 项，在下一个要显示的位置上于屏幕中重写图像，如此重复、交替地显示下去，即可达到覆盖刷新的目的，从而实现动画显示。由于图形是一次性覆盖到显示区的，并在瞬间完成，其动态特性十分平滑，动画效果较好。

## 13.10 菜单设计技术

本节介绍下拉菜单和选择式菜单的设计方法。

菜单在用户编写的程序中占据相当一部分内容。设计一个高质量的菜单，不仅能使系统美观，更主要的是能够使操作者使用方便，避免一些误操作带来的严重后果。

### 13.10.1 下拉式菜单的设计

下拉式菜单是一个窗口菜单，它具有一个主菜单，其中包括几个选择项。主菜单的每一项又可以分为下一级菜单，这样逐级下分，用一个个窗口的形式弹出在屏幕上，一旦操作完毕，又可以从屏幕上消失，并恢复原来的屏幕状态。

设计下拉式菜单的关键就是在下级菜单窗口弹出之前，要将被该窗口占用的屏幕区域保存起来，然后产生这一级菜单窗口，并可用方向键选择菜单中各项，用回车键来确认。如果某选择项还有下级菜单，则按同样的方法再产生下一级菜单窗口。

用 Turbo C 在文本方式时提供的函数 gettext()来存放屏幕规定区域的内容，当需要时用 puttext()释放出来，再加上键盘管理函数 bioskey()，就可以完成下拉式菜单的设计。

### 13.10.2 选择式菜单的设计

所谓选择式菜单，就是在屏幕上出现一个菜单，操作者可根据菜单上提供的数字或字母按相应的键去执行特定的程序，当程序执行完后又回到主菜单上。

这种菜单编制简单、操作方便、使用灵活，尤其适用于大型管理程序。如果在自动批处理文件上加入这种菜单，操作者可根据菜单上的提示，进行相应的操作，这样可以简化许多步骤，对一般微机用户来说是比较合适的。

## 13.11 大型程序开发的项目管理

本节介绍项目管理器，以及用项目管理器开发程序项目的步骤和项目管理器的使用技巧。

### 13.11.1 项目管理器

程序项目是指由多个文件组成的大程序。在编写稍大一些的程序时，常常会碰到一个程序包含几个甚至多个文件，而又经常要不断地对其中的一些文件进行调试、编译和连接等。

为了节省时间、提高效率，最好只编译、连接那些修改过的文件。C 语言编辑环境提供的程序项目管理器（project）用于对由多个文件组成的程序进行编译与连接的管理。当程序项目中的某些文件做了修改后，程序项目管理器能自动地识别出哪些文件需要重新编译，可以减少编译过程中不必要的麻烦。

有关项目管理器的各项功能，在 C 语言的编译环境里选择 Project 主菜单下的各项子菜单命令即可。

## 13.11.2 用项目管理器开发程序项目的步骤

### 1. 程序项目文件的组成和命名

项目管理器把组成项目的多个文件作为一个整体来处理，这个整体就是项目文件，因此在组装程序项目文件之前要先给项目文件命名。通常，项目文件扩展名为 . prj。例如，命名一个项目文件名为 myprog. prj，则该程序项目的可执行文件名为 myprog. exe，如果选择生成映像文件，映像文件名为 myprog. map。

### 2. 选择项目管理器的各项功能进行项目管理

按〈Alt + P〉组合键，弹出 Project 主菜单。Project 菜单中的命令如图 13-1 所示。Project 菜单中各命令的作用如表 13-12 所示。

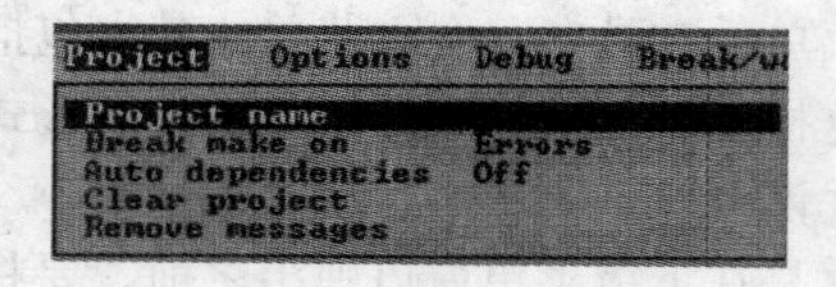


图 13-1 Project 菜单

表 13-12 Project 菜单中各命令的用途

| 命　令 | 作　用 |
| --- | --- |
| Project name | 弹出对话框，要求输入 . prj 文件名 |
| Break make on | 弹出一个菜单，继续提供 4 个中止 Make 的条件选项<br>• Warnings：设定遇到警告错误时，中止 Make<br>• Errors：设定遇到错误时，中止 Make<br>• Fatal errors：设定遇到致命错误时，中止 Make<br>• Link：设定在连接前，中止 Make |
| Auto dependencies | TC 在编译时，将 . c 文件的日期和时间放在了 . obj 文件中。这条命令用于设置是否要检查 . c 文件与相应的 . obj 文件的日期和时间关系<br>• On：自动检查。不一致，就重新编译<br>• Off：不检查 |
| Clear project | 清除 Project name，并重置消息窗口 |
| Remove messages | 清除消息窗口中的错误信息 |

## 13.11.3 项目管理器的使用技巧

为提高编译效率，可以采用如下方法组成项目文件。

1）将经过反复调试运行已经成熟的常用函数编译成 . lib 文件，放进自己的库文件，再把该库文件列入程序项目文件中。

2）将常用的、暂不需修改的文件编译成 . obj（目标）文件，代替其源文件，列入程序项目文件中。

3）将正在调试或有可能还需要改动的文件的 . c（源）文件，列入程序项目文件中。

应当注意以下几点。

1）程序项目文件含有环境信息。当环境（如盘号、路径和设置的参数等）改变时，应重新建立程序项目文件，否则可能出现莫名其妙的错误。

2）一个程序项目文件要涉及许多头文件，因此要注意它们之间的一致性。

3）一个程序项目文件有且仅有一个主函数。

## 13.12 实验

### C 语言的图形功能

【实验目的和要求】

1）了解 C 语言的图形功能。

2）掌握 TC 图形设置及初始化过程。

3）使用基本的 C 语言图形函数，绘制简单的图形。

4）了解 Turbo C 图形设计。

5）了解较大程序的综合处理方法。

6）了解 Turbo C 工程文件的编写和应用。

【实验内容】

**1. 图形函数的使用**

```
#include < graphics. h >
#include < conio. h >
main( )
{
    int driver = DETECT,mode;           /＊指定图形适配器和分辨率为自动测试＊/
    initgraph( &driver,&mode,"" );     /＊初始化图形系统＊/
    setviewport(100,100,500,500,0);/＊设置可视图形窗口大小＊/
    setcolor( RED);                     /＊设置当前画线颜色为红色＊/
    outtextxy(280, 160,"HELLO!");/＊在指定位置输出一个字符串＊/
    line(200,300,300,400);              /＊从点(200,300)到点(300,400)之间画一条直线＊/
    line(300,400,400,300);
    line(400,300,300,200);
    line(300,200,200,300);
    setbkcolor( BLUE);                  /＊设置当前背景颜色为蓝色＊/
    setoolor( WHITE);                   /＊设置当前画线颜色为白色＊/
    moveto(200,200);                    /＊将像素坐标移到点(200,200)处＊/
    lineto(200,400);                    /＊从点(200,200)开始到点(200,400)之间画一条直线＊/
```

```
    lineto(400,400);
    lineto(400,200);
    lineto(200,200);
    getch();                              /* 接收任意按键 */
    clearviewport();                      /* 清除当前图形窗口 */
    setcolor(YELLOW);                     /* 设置当前背景颜色为黄色 */
    circle(300,300,100);                  /* 画一个圆 */
    setfillstyle(8,RED);                  /* 设置填充图案和颜色 */
    bar(200,100,400,150);                 /* 画并填充一个二维条形 */
    getch();                              /* 接收任意按键 */
    closegraph();                         /* 关闭图形状态,返回文本状态 */
}
```

**2. 简易通讯录管理程序**

试建立一个工程文件 c132. prj，将磁盘上的文件 c132head. h、c132main. c、c132inout. c 及 c132s1. obj 合成一个可执行文件 c12. exe，并尝试运行它。

文件 c132head. h 程序清单如下：

```
#include <coino. h>
#include  <stdio. h>
#include <ctype. h>
#include <stririg. h>
#include <stdlib. h>
#define SIZE 100
struct addr
{
  Char name[40];
  char street[40];
  char city[30];
  char state[3];
  char zip[10];
  };
extern struer addr addr info[SIZE];
void enter(void);
void init_list(void);
void display(void);
void save(void);
void load(void);
int menu(void);
```

文件 c132main. c 程序清单如下：

```
/* A simple mailing list that uses an array of structures.  */
#include" c12head. h"
struct addr addr info[SIZE];
```

```
main(void)
{ char choice;
  init list();
  for(;;)
  { choice = raerlll();
    switch(choice)
    { case 'e':enter();break;
      case 'd':display(); break;
      case 'l':load();break;
      case 's':save();break;
      case 'q':return 0;
    }
  }
}
void init_list(void)
{ register int t;
  for(t = 0;t < SIZE;t ++) *addr_info[t]. name ='\0';
}
menu(void)
{ char ch;
  do
  {
    printf("(E)nter\n");
    printf("(p)isplay\n");
    printf("(L)oad\n");
    printf("(S)ave\n");
    printf("(Q)uit\n\n");
    printf("choose one:");
    ch = getche();
    printf("\n");
  }
  while(! strchr("edlsq",tolower(ch)));
  return tolower(ch);
```

文件 C132inout. c 程序清单如下：

```
/* input names into the list */
#include "c132head. h"
void enter(void)
{ register int i;
  for(i = 0; i < SIZE; i ++)
    if(! *addr_info[i]. name)break;
    if(i == SIZE)
    {printf("list full\n");
```

```
        return;
    }
   /* enter the information */
    printf("\n");
    printf("name:");
    gets(addr_info[i].name);
   printf("street:");
   gets(addr_info[i].
   printf("city:");
   gets(addr_info[i].city);
   printf("state:");
   gets(addr_info[i].state);
   printf("zip:");
   gets(addr_info[i].zip);
   /* Display the list */
   void display(void)
   { register int t;
     for(t=0;t<SIZE;t++)
     { if(*addr_info[t].name)
       {printf("\n");
       printf("%s\n",addr_info[t].name);
       printf("%s\n",addr_info[t].street);
       printf("%s\n",addr_info[t].city);
       printf("%s\n",addr-info[t].state);
       printf("%s\n\n",addr_info[t].zip);
     }
    }
```

c132s1.obj是由以下源程序c132s1.c编译生成的目标文件。

```
#include "c132head.h"
save the 1ist
void save(void)
{ FILE *fp;
  register int i;
  if((fp=fopen("maillist","wb"))==NULL)
  { printf("cannot open file\n");
    Return;
    }
    for(i=0;i<SIZE;i++)
    if(*addr_info[i].name)
    if(fwrite(&addr_info[i],sizeotf(struct addr),1,fp)!=1)
    printf("file write error\n");
 fclose(fp);
```

```
}
/*Load the file*/
void load(void)
{ FILE *fp;
  register int I;
  if((fp=fopen("maillist","rb"))==NULL)
  { printf("cannot open file\n");
    Return;
  }
  init_1ist()'
  for(i=0; i<SIZE; i++)
  if(fread(&addr_info[i],sizeof(struct addr),1,fp)!=1)
  { if(feof(fp))
    { fclose(fp);
      return;
    }
  printf("file write error\n");
  }
  }
```

编写出程序 c132. prj 的清单

**3. 绘制“勾三股四弦五”的三角形**

程序分析：

1）定义相关变量，进行图形函数初始化。

2）以3∶4∶5 的比例，通过画线函数绘制三角形。

**4. 绘制一个正方形及其外接圆**

程序分析：

1）定义相关变量进行图形函数初始化。

2）使用相关函数绘制正方形。

3）计算正方形外接圆的圆心位置和半径，并画圆。

## 13.13 习题

**一、填空题**

1. putpixel(int x, int y, int color)表示在屏幕中________位置画点，点的颜色由参数________决定。当它等于________时，点的颜色为红色。

2. line(int x0, int y0, int xl, int y1)可以画出一条线段，线段两端点的坐标分别是________和________。

3. lineto(int x, int y)可以画出一条线段，线段的起点为________，终点坐标为________。

4. circle(int x, int y, int radius)是典型的画圆函数，圆心坐标为________，半径为________。

5. ellipse(int x,int y,int stangle,int endangle,int xradius,int yradius)是画椭圆函数,椭圆的中心在________,x 轴方向上的半径为________,y 轴方向上的半径为________。如果要画出完整的椭圆,参数 stangle = ________,endangle = ________。

6. rectangle(int x1,int yl,int x2,int y2)可以画矩形,4 个顶点的坐标分别为________、________、________和 ________。

7. 在 C 语言中,使用________进行程序项目的管理。

8. 如果命名一个项目文件名为 mypro1. prj,则该程序项目的可执行文件名为 ________。

二、编程题

1. 画一个正三角形。

2. 画一个红五角星。

# 参考文献


[1] 单洪森,等. C语言程序设计上机指导与习题集[M]. 北京:中国铁道出版社,2005.

[2] 张明林. C语言程序设计上机指导与习题集[M]. 西安:西北工业大学出版社,2006.

[3] 王煜. C语言程序设计[M]. 北京:中国铁道出版社,2005.

[4] 夏宽理,等. C语言程序设计上机指导与习题集[M]. 北京:中国铁道出版社,2006.

[5] 陈志泊. C++语言例题习题及实验指导[M]. 北京:人民邮电出版社,2003.

[6] 贾学斌,等. C语言程序设计实训教程[M]. 北京:中国铁道出版社,2007

[7] 夏宽理,赵子正. C语言程序设计[M]. 北京:中国铁道出版社,2006.

[8] 贾学斌,等. C语言程序设计[M]. 北京:中国铁道出版社,2007.

[9] 柏万里,等. C语言程序设计[M]. 北京:中国铁道出版社,2006.

[10] 刘克成,等. C语言程序设计[M]. 北京:中国铁道出版社,2006.

[11] 柏万里,等. C语言程序设计习题解答与上机指导[M]. 北京:中国铁道出版社,2006.

[12] 林小茶,等. C++面向对象程序设计习题解答与上机指导[M]. 北京:中国铁道出版社,2004.